工廠叢書 ⑱

採購管理實務（增訂九版）

丁振國　編著

憲業企管顧問有限公司　發行

採購管理實務〈增訂九版〉

序　言

　　本書在 2022 年 2 月推出革新內容增訂九版，針對採購實務，修改內容，做更多增補改善內文，更具有企業操作之實用性，上市受到讀者喜愛，作者在此表示致謝。

　　越來越多的企業注意到採購管理的重要性，但仍然有很多企業對採購管理的重視程度不夠，仍然將採購行為只看作生產的後勤輔助行為來加以管理，只強調採購為生產服務的觀念；單純認為採購管理只是配合生產、節約成本的一種手段，忽視了採購管理對企業整體戰略的影響。

　　為加強企業競爭力，現代企業都在設法降低成本，一般情況下，採購成本約佔企業生產成本的 60%，如何在開源節流的原則下，使工作更有績效呢？加強採購管理，就是關鍵的一步。企業的採購方式不對，採購流程不順暢，採購制度不健全⋯⋯⋯往往導致採購欠佳的產品，從而造成企業經濟效益的重大損失。

　　本書是針對採購工作的工具指南書，緊扣採購關鍵問題

點，注重實用，能幫助採購經理更有力地把握各個工作環節，在配合公司合理的價格策略情況下，於最短時間內高品質的完成採購工作。

作者在大學教授「採購管理」課程，也擔任憲業企管（集團）公司協理、採購管理顧問師，此書是企管顧問公司的「EMBA 培訓班」採購管理課程指定讀本，內容非常具體、實務。

本書為方便老師授課，每章提供案例討論 PDF 文檔，教師可酌酌授課時間長短，教師可先將案例內容發予學生，該章授課時，學生討論（或撰寫書面報告），老師再適時加以重點說明（有教師手冊可參考）。

2022 年 2 月〈增訂九版〉

採購管理實務〈增訂九版〉

目　錄

第 1 章　採購部門的組織編制 ／ 10

　　介紹採購主管的工作內容:採購單位的組織設計；採購單位的歸屬規劃；採購作業的方式；採購組織的基本類型；採購功能的設計等有關採購組織編制與職能的內容，收集、分類和分析用於作出最佳採購決策所需的數據，對採購價格和供應進行預測，對供應商生產和發送一批材料的必要成本進行分析。

第 2 章　採購作業的流程 ／ 42

　　企業為了採購作業有章可循，會要求根據採購政策編寫一份採購手冊，制定採購作業流程，以指導企業採購人員作業，使採購作業制度化、合理化，以達到採購的適質、適時、適量、

適價的目標。

第 3 章　採購作業的計劃編制 / 65

銷售部門的計劃(即銷貨收入預算)是企業年營業計劃的起
點，生產計劃隨之確定；而生產計劃則包括採購預算(直接原料
成本)、直接人工預算及製造費用預算。

採購預算是採購部門為配合年銷售預測或生產數量，對所
需求的原料、物料、零件等的數量及成本做出詳細計劃，以利
整個企業目標的達成。

第 4 章　採購作業的數量確定 / 91

在採購上作判斷時，必須考慮購入品的品質、所提供的服
務、必須支付的價格、合宜的交期。亦即，購入品的品質若沒
有滿足必要條件，則不論多好的服務、或怎麼低廉的價格，都
是毫無意義的。

第5章　採購作業的價格確定 / 103

採購人員要確定採購價格，首先必須先分析物料成本，然後將物料成本加以比較、計算，才能獲得合理採購價格的基礎。最後，企業採購人員常通過談判(或公開招標及請求報價回應)來確定採購價格。

第6章　採購作業的品質確定 / 148

採購的訂單或合約能否符合申購部門的需求，通常取決於描述品質要求的採購說明書的制定。企業採購部門及採購主管必須與品質部門密切配合，對供應商提供的物料品質進行控制，以使其能滿足企業的需求。

第 7 章　採購作業的交期跟催 ／ 171

採購員在發出訂單後並不能就此撒手不管，還必須對物料進行跟催，確保物料會在適當的時間內交貨。跟催的目的在於滿足企業活動中對必需的原材料，於必要的時間能確實的獲得，以免停工待料。

第 8 章　供應商的選擇與管理 ／ 183

必須開展供應商的尋找工作。企業在尋找供應商的過程中，如果僅僅是對供應商有了一定的瞭解，是遠遠不夠的，還不足以為供應商的選擇提供更多的資訊。為此必須對供應商進行深入的調查。企業應考慮價格、品質、供應商信譽、過去與該供應商的交往經驗、售後服務等，來開發和選擇供應商。

第 9 章　採購談判的程序 / 214

　　採購談判是由一系列談判環節組成的。要經歷詢盤、發盤、還盤和接受等程序(環節)。其中，詢盤不是正式談判的開始，而是聯繫談判的環節。正式談判是從發盤開始的，中間經歷的還盤是雙方的討價還價階段，其持續的時間較長。如果一項採購交易達成，就意味著採購談判結束。達成交易的採購談判也可以不經過還盤環節，只經過發盤和接受兩個環節。

第 10 章　採購合約的管理 / 234

　　採購談判是由一系列談判環節組成的。採購合約是指供需雙方在進行正式交易前為保證雙方的利益，對供需雙方均有法律約束力的正式協議，有時也稱之為採購協議。採購主管應瞭解採購合約的主要條款，以利於採購談判，合約的簽訂與管理。

第11章　採購違約的處理 / 254

供應商不履行交貨義務，將使企業的採購合約目的落空或受挫。供應商違約後，企業可直接依照法律規定或合約的約定，單方面通知供應商，使合約提前終止的情形。供應商拒絕交貨構成違約時，企業可以採取各種辦法處理並追究供應商的違約責任。

第12章　採購作業的成本管理 / 277

狹義的採購成本，是指因採購而帶來的或引起的成本，它不僅僅是指訂購活動的成本費用(包括取得物料的費用，訂購業務費用等)，還包括因採購而帶來庫存維持成本及因採購不及時而帶來的缺料成本，但它不包括物料的價格。

第13章　採購作業的績效評估 ／ 310

採購績效評估是用於提升採購的作業水準。為了進行採購績效評估，首先應決定評估的內容。採購作業須達成適時、適量、適質、適價及適地等基本任務，因此，採購績效評估應以「5R」為中心，並以數量化的指標作為衡量採購績效的指標。有了績效評估的指標之後，考慮依據何種標準，作為與目前實際績效比較的基礎。

第14章　附錄：採購管理制度 ／ 335

建立有效的管理制度辦法，落實工作流程與責任分攤；透過績效管理制度，有效達成採購任務，可以提升採購部門績效。

第 1 章

採購部門的組織編制

🔊)) ## 第一節　採購單位的工作原則

　　採購的原則就是在適當的時候，以適當的價格從適當的供應商處買回所需數量商品的活動。採購必須要圍繞「價」、「質」、「量」、「地」、「時」等基本要素來開展工作。

1. 適當的價格

　　價格永遠是採購活動中關注的焦點，現在的企業對採購最關心的一點就是，採購部今年能節省多少採購資金，所以採購不得不把相當多的時間和精力放在與供應商的「砍價」上。

　　物料的價格與該物料的種類、是否為長期購買、是否為大量購買，及與市場當時的供求關係有關，同時與採購人員對該物料的市場狀況是否熟悉也有關係。如果採購人員未能把握市場脈搏，供應商在報價時就有可能「蒙」你，這就要求採購人員要時常瞭解該行業的最新市況，盡可能多地獲取相關數據。

2.合適的品質

一個不重視品質的企業，在今天惡劣的市場競爭中根本無法立足，一個優秀的採購人員不僅要做一個精明的商人，同時也要在一定程度上扮演品質管理人員的角色。在日常的採購作業中要安排部份時間去推動供應商完善品質體系及改善、穩定物料品質。

物料品質達不到企業使用要求的後果是非常嚴重的：

⑴物料品質不良，往往導致企業內部相關人員花費大量的時間和精力去處理，會增加大量的管理費用。

⑵物料品質不良，往往在重檢、挑選上花費額外的時間和精力，造成檢驗費用增加。

⑶物料品質不良，會導致生產線返工增多，降低生產效率。

⑷因物料品質不良而導致生產計劃推遲進行，有可能引起不能按承諾的時間向客戶交貨，會降低客戶對企業的信任度。

⑸若因物料品質不良引起客戶退貨，有可能令企業蒙受嚴重損失，如從市場上調回產品、報廢庫存品等，嚴重的還會丟失客戶。

3.恰當的時機

企業已安排好的生產計劃若因物料未能如期到達往往會引起企業內部混亂，即會產生「停工待料」，產品不能按計劃出貨會引起客戶強烈不滿。若物料提前太多時間買回來放在倉庫裏「等」著生產，又會造成庫存過多，大量積壓採購資金，增加企業經營成本。

4.合適的數量

批量採購雖有可能獲得數量折扣，但會積壓採購資金，太少又不能滿足生產需要，所以合理確定採購數量相當關鍵，一般按經濟訂購量採購。採購人員不僅要監督供應商準時交貨，還要強調按訂單數量交貨。

5.恰當的地點

天時不如地利，企業往往容易在與距離較近的供應商的合作中取

得主動權，企業在實施 JIT(及時生產制)時亦必須選擇近距離供應商來實施。近距離不僅使得溝通更為方便，處理事務更快捷，亦可降低採購物流成本。

越來越多的企業在選擇供應商時甚至在建廠之初就考慮到「群聚效應」，即在週邊地區能否找到大部份的供應商，對企業長期的發展有著不可估量的作用。

第二節　採購組織的基本類型

採購組織的基本類型有分散型採購組織、集中型採購組織、混合型採購組織以及跨職能採購小組。

一、分散型採購組織

分散型採購組織的一個主要的特點就是，每個經營單位的負責人對他自己的財務後果負責(參見圖 1-2-1)。因此，這個經營單位的管理要對其所有的採購活動負完全責任。這種組織的缺點之一是，不同的經營單位可能會與同一個供應商就同一種產品進行談判，結果達成了不同的採購條件。當供應商的能力不足時，經營單位相互之間會成為真正的競爭對手。

分散型採購組織對擁有經營單位結構的跨行業公司特有吸引力。每個經營單位採購的產品是惟一的，並與其他單位所採購產品顯著不同。這種情況下，規模經濟職能會提供有限的優勢和/或方便。

圖 1-2-1　分散型採購組織結構圖

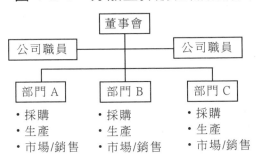

二、集中型採購組織

在這種組織結構下，在公司層次上可以找到中心採購部門，在那裏，公司的採購專家在戰略和戰術層次上進行運作(參見圖 1-2-2)。產品規格的決策被集中制定(通常與中心工程技術或研發機構緊密合作)，在供應商選擇的決策上也是如此；與供應商之間的合約的準備和洽談也是這樣的。這些合約通常是與具有資格的供應商之間，達成的規定了一般和特殊採購條件的合約。這些採購活動是由經營性公司實施的。

圖 1-2-2　集中型採購組織結構示意圖

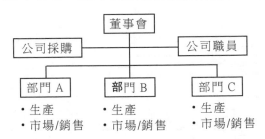

通用汽車公司(歐洲)和大眾公司可以被當作將其戰略和戰術採購業務集中到一個相當高程度的例子。其他的例子還有施樂公司、福特

汽車公司和凱特皮勒公司。

　　這種組織的主要優點是，通過採購協作可以從供應商處得到更好的條件(在價格和成本方面以及服務和品質方面)。另一個優點是它將促進採購朝向產品和供應商標準化的方向發展。

　　其缺點是：單獨的經營單位的管理層只對採購的決策負有限的責任。通常的問題是經營單位的管理人員相信他們能夠靠自己達到更好的目標，並採取單獨行動；這樣他們將逐漸削弱公司採購部門的地位。

　　這種結構在幾個經營單位購買相同產品，並在同時對他們具有戰略重要性的情況下是合適的。

三、混合型採購組織

　　在一些以製造業為主的企業中，在公司一級的層次上存在著公司採購部門，然而獨立的經營單位也進行戰略和戰術採購活動。在這種情況下，公司的採購部門通常處理與採購程序和方針的設計相關的問題。此外，它也會進行審計，但一般是在經營單位的管理層要求它這樣做的時候(參見圖 1-2-3)。

圖 1-2-3　混合型採購組織結構示意圖

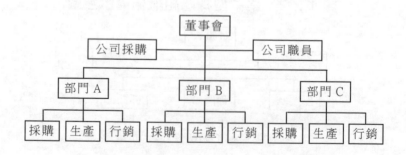

通常，中心採購部門也會對戰略採購品進行詳細的供應市場研究。經營單位的採購部門可以通過定期發佈的小冊子、公告和/或局域網利用這些研究結果。

此外，公司的採購部門還可以作為促進和/或解決部門或經營單位之間的協調的工具。然而，它並不進行戰術採購活動。這種活動完全由部門或經營單位的採購組織實施。最後，這種結構中的公司採購部門可能對採購部門的人力資源管理負責。

四、跨職能採購小組

跨職能採購小組是採購中相對較新的組織形式，以 IBM 公司的採購小組為例來進行介紹。

作為 1992 年巨大財務虧損的公司，IBM 的採購職能被加以重組。IBM 的新採購組織採用了一個與供應商的單一聯繫點（商品小組），由這一商品小組為整個組織提供對全部零件需求的整合。合約的訂立是在公司層次上集中進行的。然而，在所有情況下的採購業務活動都是分散的。

採購零件和其他與生產相關的貨物是通過分佈在全球的採購經理組織的（參見圖 1-2-4）。這些經理對某些零件組合的採購，物料來源和供應商政策負責。他們向首席採購官（CPO）和他們自己的經營單位經理彙報。

經營單位經理在討論採購和供應商問題以及制定決策的各種公司業務委員會上與 CPO 會晤。CPO 單獨與每一個經營單位經理進行溝通，以使得公司的採購戰略與單獨的部門和經營單位的需要相匹配。這保證了組織中的採購和供應商政策得到徹底的整合。IBM 通過這種方法，將其巨大的採購力量和最大的靈活性結合在一起。

對於與生產相關的物料的採購，IBM 追求的是全球範圍內的統一

採購程序。供應商選擇和挑選應遵循統一的模式。他們越來越集中於對主要供應商的選擇和與他們簽訂合約，這些供應商以世界級的水準提供產品和服務，並且在全球存在。這導致了更低的價格和成本水準、更好的品質、更短的交貨週期，並因此造成更低的庫存。這種方法導致了更少的供應商和逐漸增加的相互聯繫，因為採購總額被分配給更少的供應商。因此可以更多地關注價值鏈中的與單個供應商的關係，並可以發展以持續的績效改善為基礎的關係。

圖 1-2-4　IBM 的採購小組結構示意圖

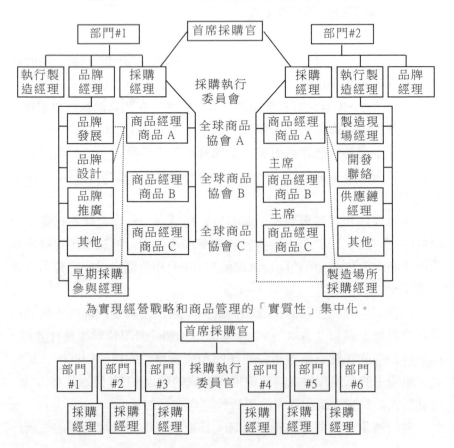

為實現經營戰略和商品管理的「實質性」集中化。

第三節　採購單位的組織設計原則

　　採購組織的設計，是指採購組織內部的部門化，也就是將採購部門應負責的各項功能組織起來，並以分工方式建立不同的部門來加以執行。採購組織的設計涉及許多方面，但首要的工作還是明確戰略、組織和職責之間的關係。戰略一旦制定，必然需要借助於一定的組織框架才能得以實施。而且無論採用何種組織形式，其內部各組成部份必然要各司其職。

　　一個組織的建立到底是基於職能模塊、信息流或是以人為本其實並不重要；真正重要的是，組織中的各項工作必須在分配和執行中注意和戰略計劃以及組織目標保持一致。按照一般的邏輯，在協調戰略目標和組織設計時，組織規劃和職責必須被加以關注。

　　採購組織設計的方法如下：

1. 按採購地區設計

　　按物料的採購來源分設不同單位，譬如國內採購部、國外採購部。這種採購部門的劃分方式，主要是基於國內、外採購的手續及交易對象有顯著的差異，因而對採購人員的工作要求也不盡相同，所以應分別設立部門加以管理；採購管理人員只須就相同物料比較國內、外採購的優劣，判定物料應該劃歸那一部門辦理。具體可參見圖 1-3-1。

圖 1-3-1 　按採購地區設計採購部門圖

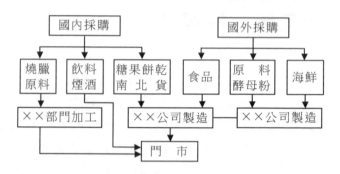

2. 按物品類別設計

　　按主原料、一般物料、機器設備、零件、工程發包、維護與保養等類別，將採購工作交給不同單位的人員辦理。此種組織方式的優點，可使採購人員對其經辦的物料項目相當精通，比較能夠發揮採購人員熟能生巧及觸類旁通的效果。這也是最常見的採購部門設計方式，對於物料種類繁多的企業特別適用。具體可參見圖 1-3-2。

圖 1-3-2 　按物品類別設計採購部門圖

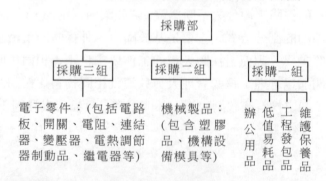

3. 按採購物料價值或重要性設計

　　即採購次數少但價值高的，由採購管理人員負責；反之，則授予基層採購人員負責。這種建立採購部門的方式，主要讓採購管理人員

能夠對重大的採購項目傾力處理，達到降低成本的目的；並讓採購管理人員有多餘的時間，對採購部門的人員與工作績效加以管理。參見表1-3-1。

表 1-3-1　按物料價值分工的採購組織設計

物品	價值	次數	承辦人員
A	70%	10%	經理
B	20%	30%	主管
C	10%	60%	職員

另外，可將策略性項目(利潤影響程度高，供應風險高)的決定權，交予最高階層(例如採購總監)，將瓶頸項目(利潤影響程度低，供應風險高)交予較高階層(例如採購經理)，杠杆項目(利潤影響程度高，供應風險低)交予中階層(例如採購人員)，將非緊要項目(利潤影響程度低，供應風險低)交予較低階層(例如採購職員)。參見表1-3-2。

表 1-3-2　按採購物品重要性分工的採購組織設計

類別 ＼ 考慮因素	利潤影響程度	供應風險程度	採購承辦人
策略性項目	高	高	總監
瓶頸項目	低	高	經理
杠杆項目	高	低	主管
非緊要項目	低	低	職員

4. 按採購功能設計

依採購過程，將詢價、比價、議價和決定分由不同人員負責，產生內部牽制作用。此種組織方式，以採購工作最龐大(每月可達數萬件以上)的企業為宜；借此可將採購工作分工專業化，以避免由一位採購員擔任全部有關作業可能造成的不利情況。參見圖1-3-3。

圖 1-3-3　按採購功能設計採購部門圖

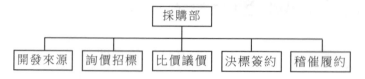

5.混合式設計

綜合運用上面各種採購組織的設計方法，具體見圖 1-3-4。

圖 1-3-4　混合式的採購部門設計圖

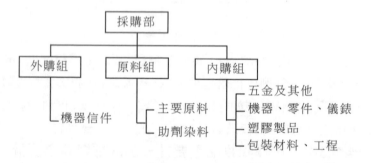

第四節　採購單位的組織歸屬規劃

　　採購部為完成企業的採購任務、保證生產企業經營活動順利進行，由採購人員按照一定的規則組建的採購團隊。無論是生產企業還是流通企業，都需要建立一隻高效的採購團隊，透過科學採購，降低採購成本，保證企業的生產經營活動正常進行。高效的採購團隊具有凝聚功能、協調功能、制約功能、激勵功能。

　　採購部的設計是企業採購工作中的一個重要環節，不同類型、不同規模的企業需要設計不同的採購組織結構和崗位職責。

一、影響採購組織規劃的因素

採購組織的規劃是指根據企業規模大小、採購物料的品種、採購在企業中的地位等因素，來確定採購組織的隸屬關係及設計方向。

通常從採購人員的頂頭上司是誰來看，我們就可以看出採購組織在企業中受到重視的程度。

一般而言，影響採購組織規劃的因素有：

⑴物料採購金額佔企業經營總成本或總收入的百分比。百分比越高，採購組織/部門越會隸屬較高層級主管管轄。

⑵所採購物料的性質。物料越具有技術性及複雜度，採購部門的地位越高。

⑶物料在市場上的供需狀況。物料的取得越困難，採購部門越會隸屬較高層級主管管轄。

⑷勝任採購工作所應具備的條件。採購工作專業程度越高，隸屬較高層級主管管轄的機會越大。

⑸採購對達成企業目標的機會或威脅。採購工作越具有戰略性功能時，越可能隸屬高層級主管管轄。

設計採購單位時，應該考慮下述基本原則。

1. 戰略匹配原則

採購部是企業的一個職能部門，其結構和崗位職能的設計，應與企業的經營戰略相匹配，應能保證企業經營戰略的實現。例如，企業實施全球化採購戰略和本地化採購戰略的採購單位結構是不同的；企業在尋求快速發展戰略時，需要較多的外包和 OEM 合作夥伴，與企業實施穩步發展戰略時的採購單位結構也是不同的。

2. 管理幅度原則

管理幅度是指每一管理者直接管理下屬的人數，與管理者的能力

和所使用的管理工具成正相關，即管理者的能力或使用的工具越強，管理的幅度就越寬。管理幅度還與管理層次相關，在採購與供應業務量給定的情況下，管理能力（手段）越強，管理的幅度就越寬，相應的管理層次就越少。在建立採購管理單位時，為了保證採購與供應管理的效果，應合理確定管理的幅度和層次。

3. 權責相符原則

有效的採購管理單位必須是責權相互制衡。有責無權，責任難以落實，就會濫用職權，因此，應該實現責權的對等和統一。

4. 專一指揮的原則

在採購單位中，應儘量保證每一個採購人員只對一個上級負責，即只向一個上級彙報。這樣可以避免責任不清、相互推諉的情況發生。

5. 功能整合與合理分工原則

根據採購與供應的職能使命列出所有業務，將相同（似）功能的業務整合，以提高工作效率。按照業務邏輯關係設計流程，再根據不同人員的能力和特點合理分工，以便各司其職，提高採購效率。

6. 效率原則

採購與供應處於企業經營環節的前端，其效率關係到企業的整體運營效率。所以，採購與供應部門的設計應考慮採購與供應業務運行的成本效率、時間效率和資金效率等。

二、隸屬於物料部的採購組織規劃

企業為了適應物料管理改善的需要，將採購與生產控制、儲運等相關功能整合，並使它們直接隸屬於物料部，其組織情形如圖 1-4-1。

圖 1-4-1 顯示採購組織向物料部負責，其主要的功能在於配合生產控制與倉儲單位，達成物料整體的補給作業，無法特別凸顯採購的角色與職責，甚至可能降為附屬地位。因此，隸屬於物料部的採購部

門，比較適合對物料需求控制不易，需要採購部門經常與其他相關單位溝通、協調的企業。

圖 1-4-1　隸屬於物料部的採購組織圖

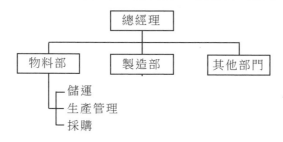

三、隸屬於生產部的採購組織規劃

圖 1-4-2 顯示採購組織隸屬於生產部的規劃，其主要職責是協助生產工作順利進行。因此，採購工作的重點將是提供足夠的物料以滿足生產上的需求，至於議價的功能則退居次要地位。

由圖 1-4-2 可知，生產管理及倉儲工作另歸其他平行單位管轄，並未併入採購部的職務中。隸屬於生產部門的採購組織，比較適合「生產導向」的企業，其採購功能比較單純，且物料價格亦較穩定。

圖 1-4-2　隸屬於生產部的採購組織圖

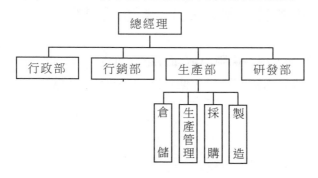

四、隸屬於行政部的採購組織規劃

圖 1-4-3 顯示採購組織隸屬於行政部,採購組織的主要功能是獲得較佳的價格與付款方式,對物料需求部門產生制衡的作用。有時難免為了較好的交易條件,延遲了生產部門用料的時機,或購入品質不太理想的物料。不過,此一類型的採購組織獨立於生產部門之外,比較能夠發揮議價的功能。因此對於生產規模龐大,物料種類眾多,價格經常需要調整,採購工作必須兼顧整體企業產銷利益均衡的企業,較適合將採購組織規劃為隸屬於行政部門。

圖 1-4-3　隸屬於行政部的採購組織圖

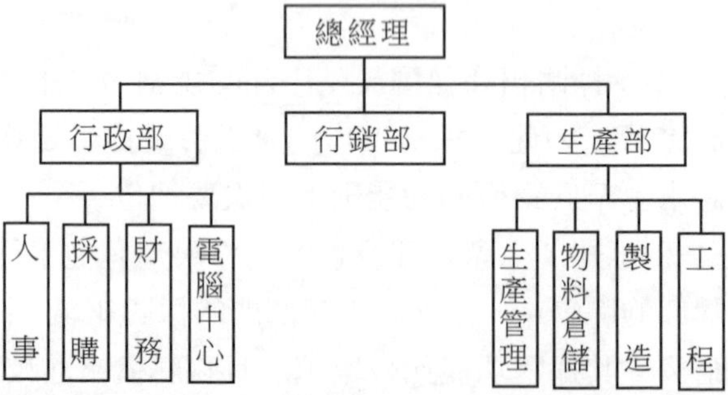

```
                        總經理
          ┌──────────────┼──────────────┐
        行政部          行銷部          生產部
   ┌──┬──┬──┬──┐              ┌──┬──┬──┬──┐
   人  採  財  電              生  物  製  工
   事  購  務  腦              產  料  造  程
               中              管  倉
               心              理  儲
```

五、隸屬於行銷部的採購組織規劃

如圖 1-4-4 顯示採購組織向行銷部負責,其目的在於配合行銷部門需求,來決定採購的物料,使採購與銷售的互動關係特別密切。

圖 1-4-4 隸屬於行銷部的採購組織圖

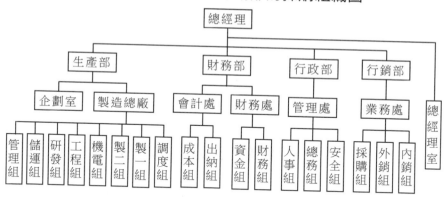

六、隸屬於事業部的採購組織

圖 1-4-5 隸屬於事業部的的組織圖

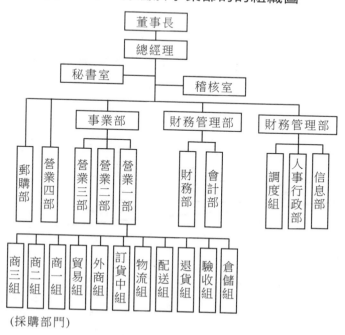

(採購部門)

　　採購成本的高低對業務部門的銷售績效影響甚大的企業，必須將採購與銷售歸於一個部門主管管轄，才能作出最佳的決策。特別是在流通業(如超級市場、百貨公司、貨倉商場等)，強調「買賣一元化」的政策，採購人員甚至必須對銷售業績負責，換言之，採購人員不但負責「買」，且須負責「賣」。當然，在將「買」與「賣」歸屬同一部門時，就會形成利潤中心或事業部，請參見上圖 1-4-5。

七、隸屬於企業最高主管的採購組織

　　圖 1-4-6 顯示，採購組織直接隸屬總經理領導，提高了採購組織的地位與執行能力。此種採購部門的主要功能，由於發揮降低成本的效能，使採購部門成為公司獲取利潤的第二個來源。所以這種類型的採購部門，對生產規模不大但物料在製造成本中所佔的比率甚高的企業比較適用。在這種隸屬關係之下，採購部門儼然已扮演直線功能而非幕僚功能的角色。

圖 1-4-6　隸屬於最高主管的採購組織圖

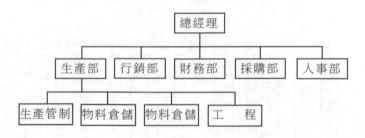

第五節　採購工作的職責分工

　　工廠採購部門、財務部、技術部等部門的相關人員，在採購成本控制方面的職責如下表所示。

表 1-5-1　各部門相關人員的職責

部門	崗位	職責要點	部門	崗位	職責要點
採購部	採購部經理	·審批採購申請 ·確定供應商 ·參與採購談判 ·簽訂採購合約 ·監督採購的執行過程	採購部	採購專員	·受理採購申請 ·執行詢價、議價等採購活動 ·參與採購談判 ·執行採購合約 ·報領差旅費、通信費等費用
財務部	財務部經理	·審核採購申請 ·審查採購價格與採購合約 ·按合約審批、支付物資採購款項 ·審批採購費用報銷申請	財務部	成本會計出納	·負責訂購成本的核算 ·支付供應商採購款項 ·發放採購專員的報銷費用(差旅費、通信費等)
技術部	技術部經理	·供應商評審、績效評價 ·審核問題物資的處理方式	質量管理部	質檢人員	·供應商前期評審、績效評價 ·採購物資的質檢
倉儲部	倉庫管理員	·負責物資的入庫、存儲保管、庫存量查詢等	運輸部	裝卸人員	·負責物資的接運、卸載

第六節　採購主管的工作職責與內容

一、買賣業、生產製造業的採購部職責

（一）生產製造業的採購部職責

⑴根據生產計劃和安全庫存，編制不同時期的物料採購計劃，經批准後進行採購。

⑵編制採購預算，經批准後實施。

⑶審查各類請購申請，核查採購的必要性及請購規格與數量是否恰當。

⑷供應商資料的收集、整理、選擇、保管及合格供應商的評估。

⑸執行採購活動，包括物價、比價、議價、訂購及交貨的催促與協調。

⑹做好市場供求信息及價格調查，保質、優質採購，確保生產及經營活動的需要。

⑺做好物料消耗分析，在保證生產及經營需要的前提下降低資金佔用，減少庫存。

⑻收集市場的價格信息，利用各種途徑降低成本，完成採購成本控制指標。

⑼採購結算工作。

⑽國外採購的進口許可證申請，結匯、公證、保險、運輸及報關等事務的處理。

⑾其他相關職責。

（二）商場、超市買賣業的採購部職責

(1)確定商品定位取向、開發引進適銷商品。

(2)透過市場調研，把握市場動態，及時調整商品結構。

(3)負責確定、調整商品在店內的陳列位置，增強商品的展示程度。

(4)根據市場需要，組織、審核落實商品促銷活動，跟蹤促銷效果，提高市場競爭力。

(5)跟蹤分店銷售情況及配送中心的配送信息，及時補充貨源。

(6)及時處理滯銷、損壞的商品。

(7)管理採購部人員，加強與各分店的溝通與協調，及時傳遞和回饋信息。

(8)根據季節和促銷需要對商品進行組合、加工、拆分，提高商品適銷性。

(9)負責商品資料的維護，保證商品資料、信息的準確性。

(10)負責採購部與分店、配送中心及供應商之間的信息溝通。

(11)跟蹤分析商品銷售數據，為業務決策提供依據。

二、採購主管的工作崗位職責

　　採購主管的工作崗位職責是，為企業制定、維護和宣傳有關採購管理的政策、程序和慣例。根據成本效益、採購杠杆效用最大化以及採購責任劃分這些參數，評價整個企業採購職能運行的有效性。制定和維護一套信息系統，以保證能清楚地知道應該採購什麼物料、由誰採購、從那裏採購、採購多少以及以什麼成本採購，完成某些物料的談判和重要採購環節。對於發現需要解決的以及上報企業職能層的所有採購或購買問題，提供人員支持，確保有足夠的服務能力解決這些問題。與企業中各個層級的採購人員密切合作，確保採購職能的連續性、充分性和完整性。採購主管的關鍵職責如下：

⑴確保主要物料的充足供應，以便能以所需求的速度維持生產的繼續進行。

⑵指導和幫助企業的採購職能效率最大化的所有活動。

⑶開發和維護採購/購買信息系統，使之與企業內類似的系統相容和融合。確保這套複合系統能夠為物料需求、採購來源以及有關成本的決策提供各種必須的管理數據。指導和幫助企業的採購業務，使其各自形成相容的信息系統。

⑷完成那些需要集中採購物料的購買，例如燃料、移動設備和汽車。適當地商議採購合約。

⑸對於那些除集中採購之外的物料、原材料以及有關服務的購買，劃分好採購責任。

⑹對於企業各部門負責購買的商品和物料，彙編它們的所有要求；而且還要在滿足合約談判進度的前提下，及時將這些需求傳達給相關的採購人員。

⑺在全公司範圍內，指導採購技能的培訓和提高。保存資料，清楚地知曉所有採購人員的資格和取得的進步，以便能根據企業各部門的要求，促進員工的招聘、調動和提升。對關鍵的採購人員，直接參與公司對其行為的評估。

⑻指導和幫助企業各部門的採購人員知曉、理解和應用採購、法律、審計以及就業機會均等委員會的政策和程序。

⑼指導和幫助企業各部門的採購人員實現存貨控制系統、儲備水準、再定貨點以及一般物料管理工作的管理效益。

⑽與能源保護部門的主管緊密協作，確保用於能源採購的企業資源得到有效利用。

採購主管的崗位職責還可以概括為理事、管人、用錢、取物，具體內容如下：

1. 理事

(1)擬定採購部門的工作方針與目標。

(2)編制年採購計劃與預算。

(3)建立與不斷調整改善採購制度流程。

(4)撰寫採購部門週報或月報。

(5)及時提供有效的市場信息。

(6)管理控制採購部門工作負荷及績效。

(7)主持與參與採購部門的各類會議。

(8)負責協調溝通本部門的各種關係。

2. 管人

(1)規劃組織，推動企業的發展計劃。

(2)負責招聘，培訓及開發採購人員。

(3)監控採購人員作業進度。

(4)考核採購人員作業績效。

(5)建立與供應商的良好關係。

(6)推動採購人員晉升、調遷、生涯發展方案。

(7)稽查採購人員的道德規範。

3. 用錢

(1)審核訂購單與採購合約。

(2)稽核採購作業發包驗收付款流程。

(3)分析所採購物料的成本結構。

(4)類比企業產品成本估算、競爭力分析。

(5)審核採購案件與供應商的付款、運送條件。

(6)呆滯材料轉售處理及交貨延遲損失索賠管理。

4. 取物

(1)採購進度跟催管理。

(2)搜集和掌握物料市場供應信息。

⑶進料不良品質問題督導改善。

⑷掌握供應商物料供應製造能力。

⑸建立維持緊急需求採購物料管道。

⑹替代品信息掌握及開發。

三、採購員的素質要求

作為一名合格的採購人員，必須德才兼備、「知識」與「經驗」共存，才能更好地履行採購管理工作。

採購主管須是一名談判者。他擁有選擇最佳供應商的能力；與工程人員共事的能力；絕佳人際關係處理能力；同時還是法律專家。

採購主管必須是一名生意人。他非常有遠見；清楚地瞭解企業的需求；清楚地瞭解顧客的需求；清楚整體成本的考慮；同時還是後勤運送專家。

1. 極強的工作能力

採購及採購管理是一項相當複雜、而且對能力要求很高的工作，企業對採購主管應具備工作能力的要求是相當高的，並且這種能力呈現出多樣化的趨勢。具體來說，採購主管必須具備極強的分析能力、預測能力和表達能力。

⑴分析能力

由於採購主管常常面臨許多不同策略的選擇與制定，例如物料規格、品種的購買決策、什麼是企業所能接受的價格、物料如何運輸與儲存、如何做才能得到消費者的回應。因此，採購主管應具備使用分析工具的技巧，並能針對分析結果制定有效的決策。

採購支出是構成企業製造成本的主要部份，因此採購主管還必須具有成本意識，精打細算，錙銖必爭，不可「大而化之」。其次，必須具有「成本效益」觀念，所謂：「一分錢一分貨」，不可花一分冤枉錢，

絕對不買品質不好或不具有使用價值的物料。隨時將投入（成本）與回報（使用狀況、時效、損耗率、維修次數等）加以比較。

此外，對報價單的內容，應有分析的技巧，不可以「總價」比較，必須在相同的基礎上，逐項（包括原料、人工、工具、稅捐、利潤、交貨時間、付款條件等）加以剖析評斷。

⑵預測能力

物料的採購價格與供應數量是經常變動的，採購主管應能依據各種產銷資料，判斷貨源是否充裕；通過與供應商的接觸，從其「銷售」的態度，揣摩物料可能的供應情況；從物料價格的漲跌，推斷採購成本受影響的幅度有多大。總之，採購主管必須擴充視野，具備「察言觀色」的能力，對物料將來供應的趨勢能預謀對策。

⑶表達能力

採購主管無論是用語言或文字與供應商溝通，必須能正確、清晰地表達採購的各種條件，例如規格、數量、價格、交貨期限、付款方式等，避免語意含混，滋生誤解。特別是忙碌的採購工作，必須使採購人員具備「長話短說，言簡意賅」的表達能力，以免浪費時間。「曉之以理，動之以情」來爭取更好的採購條件，更是採購人員必須鍛鍊的表達技巧。

2.豐富的知識與經驗

採購主管必須具備豐富的相關知識與經驗。他至少應具有專科以上的學歷，因為接受過正式專科以上教育訓練的學生，其所具備的專業知識與技巧較能符合採購工作的需求。採購主管最好具有商學背景，如物流管理、企業管理、商品或行銷等科系，並以曾修過商品信息、統計、行銷、業務人員管理的人員尤佳。除此之外，豐富的工作經驗也是採購主管必不可少的素質要求。

⑴產品知識

無論是採購那一種物料，都必須要對其所欲採購物有基本的認

識。我們知道，一個學化工機械並從事多年化工機械採購的人員因工作需要而轉向電子零件採購，儘管他從事採購已多年，但他仍會感到力不從心，如果他想儘快適應新角色，就必須及時補充有關電子零件方面的知識，補充的途徑很多，如自學、參加相關專業培訓班等。

一些採購主管認為，自己不是做研究開發的，而且往往有本企業工程技術人員及品質管理人員的協助，故不需掌握太多的專業知識。持有這種觀點的採購主管，必須認識到那些可以支援你的工程及品質管理人員，並不是時時刻刻在你的左右，況且有時他們因各種原因未必能幫你。對於零售企業採購主管來說，對商品的瞭解要比其他行業的採購主管要深入得多，因為其必須擔負起銷售業績的相關責任。例如，服裝店的採購主管來說，必須要瞭解尺寸、樣式、風格、質料、顏色、織法等知識；以家電用品商店的採購主管而言，必須瞭解產品的原料功能、制程、技術層次、保修期限等。

不過，由於採購主管採購的範圍大小不一，物料種類為數甚多，更何況流行科學技術發展日新月異，採購主管要如何持續性的獲取產品知識呢？基本上，有幾種獲取產品知識的途徑可以供採購人員參考：大學的課程、貿易性期刊、流行的報刊雜誌，展覽或工作參觀、與供應商保持聯絡等。

(2)經驗

採購主管在選擇物料時絕對不能憑經驗進行選擇，而要利用科學的方法，針對消費者需求與市場流行趨勢進行合理的分析，並且還應加入自己多年的採購經驗，選擇最有利益的商品，而不能僅僅依靠客觀的判斷。

(3)專注投入

對於採購主管來說，專注投入相當重要，因為，採購主管必須要利用更多的時間去瞭解市場趨勢與發掘更多的供應商，必須常常加班，尤其是生產的旺季。除此之外，採購主管還必須協助高層主管做

好採購策略的規劃，因此在年或每年開始時都會特別的忙碌，採購主管必須毫無怨言的投入其中。

3. 良好的從業品德

採購員必須具備如下良好的從業品德。

⑴廉潔

採購主管所處理的「訂單」與「鈔票」並無太大差異，因此難免被「惟利是圖」的供應商所包圍。無論是威迫(透過人際關係)或利誘(回扣或紅包)，採購主管必須廉潔，在利益面前保持「平常心」、「不動心」，否則以犧牲公司權益，圖利他人或自己，終將誤人誤己。「見利忘義」的人，是難以勝任採購工作的。

⑵敬業精神

「缺貨或斷貨」是對採購主管工作能力的最大否定。雖然造成短缺的原因很多，若採購人員能有「捨我其誰」的態度，對採購工作高度負責，則企業的損失將會大大減少。

⑶虛心與耐心

採購主管雖然在買賣方面較佔有上風，但對供應商的態度，必須秉持公平互惠，要做到不恥下問，虛心求教，而不可趾高氣揚，傲慢無禮。與供應商談判或議價的過程，可能相當艱辛與複雜，採購主管更需有忍耐、等待的修養，才能「欲擒故縱」，氣定神閑地爭取更多的優惠與利益。居於劣勢時，亦能忍讓求全，不慍不火，克己奉公。

⑷遵守紀律

採購主管是外出執行採購的人員，他們的一言一行都代表著企業與外界打交道，他們工作的好壞不僅影響企業的效益，而且影響企業的聲譽，因此，企業對採購主管規定了若干紀律，採購主管必須自覺遵守，嚴格執行。

第七節　採購部門與其他部門的協調

一、做好跨部門協作應注意的事項

對採購部門來說，跨部門協作確實是一件重要的工作，採購應如何高效開展跨部門合作？

1. 達成共識

由於各個部門職責不同，溝通信息不對稱，不能及時回饋等原因，部門之間自然會產生認知差異。所以，採購部門的負責人要與其他各部門的負責人充分溝通，做好兩方面的事情：一是對合作存在的問題達成共識；二是停止相互指責，共同尋找解決方法。

例如，採購部門要進行跨部門溝通時，一定要明確協作所要的結果和目的是什麼。在這個前提之下，對要溝通的部門的職責和業務也應當瞭解清楚。在掌握了必要的情況之後，透過參考對方所提供的意見，進行討論磋商，形成共同認知。

也就是說，只有把個人、項目、部門、戰略目標統一，綁定利益，達成共識，找到相互的交點，才能確保協作的順利進行。

2. 建立相互監督機制

跨部門合作的有效、持續進行，離不開相應的制度。從多部門的協作經驗中我們可以看出，一套相對完整的監督體制是一個項目能夠順利實施的有效保障。監督機制一般需要達到這樣的目的：一是盡可能在協作流程的允許範圍內發揮創造能動性；二是不破壞協作流程的完整性。

3. 改善溝通風格

溝通風格主要包括溝通習慣和行為方式兩個方面。例如，一旦合

作時出現問題時，採購員應先從自身檢討。只有不斷提升自身涵養，才能把跨部門合作做得更好。

4.找到利益的平衡點

採購是企業的職能部門之一，與其他各職能部門之間存在著共同的利益平衡點。在合作過程中，只要找到共同的利益平衡點，合作就能更加順暢、高效。

5.塑造良好的合作心態

良好的合作心態就是避免合作的情緒化。情緒的好壞可以影響一個項目的進程快慢。所以，採購部門要想與其他各部門之間建立融洽的合作關係，塑造良好的合作心態很重要。

二、採購單位的參謀部門

執行採購功能的部門是屬採購組織的直線部門，但一般規模較大，採購業務龐雜的大企業，多會設置參謀部門，以協助採購各級作業人員工作。例如，有些企業設置了管理科，或在經理室中配置許多採購的參謀人員，如採購專員等。甚至設立「委員會」，作為採購決策的諮詢商議部門。

通常，在設計採購參謀部門時，應考慮採購參謀部門的這些功能：
(1)擬訂採購計劃與預算。
(2)採購工作進度的追蹤與管理。
(3)替代品的研究。
(4)價格與供給預測。
(5)舉辦員工教育訓練。
(6)採購人員績效評估。
(7)採購文書及檔案管理。
(8)供應商績效評估。

(9)採購作業系統的改善及電腦化。

(10)市場調查。

三、採購部門與設計部門的配合

　　採購部門與企業中其他部門的關係如圖 1-6-1 所示。隨著採購工作在企業經營中戰略地位的加強，企業所進行的採購工作不再僅僅是採購部門一個部門的工作，也不能由採購部門單獨來完成，採購部門和企業中其他部門之間的聯繫越來越緊密。

　　只有理解了採購部門與其他部門間的關係，才能更積極地推動採購團隊的組建和各部門之間的信息交互，才能更好地提升採購部門的績效。採購部門與設計部門的配合，主要涉及物料的規格、技術標準、性能等。

圖 1-6-1　採購部門與其他部門的關係

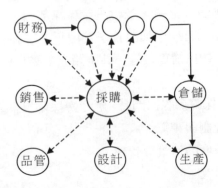

1. 物料規格

　　為了保證採購到合乎設計規範要求的所需物料，設計部門在設計前，要向採購部門徵詢有關的意見，再進行斟酌設計；在採購前、採購驗收時給採購部門提出合理的技術指導意見。

2.物料標準

設計部門在設計前應多徵詢採購與倉儲部門的意見，作為設計的參考，應儘量減少品種的種類，通過標準化設計使採購部門能夠獲取大批量、標準件採購時的價格、運輸方面的優惠。

3.新品設計

採購部門應隨時根據市場變化情況，向設計部門提供最新的用料規格、性能、價格等資料，以供設計部門設計時參考。

四、採購部門與生產部門的配合

1.物料的品質

採購部門應以生產部門的需求為第一需要，及時採購適當品質的物料，以配合生產的需要。

2.物料的數量

採購數量的預估是生產部門的需要，而生產部門則依據用料預算與生產計劃提出請購量，因此，採購部門和生產部門必須密切配合才能保證準確、必需的採購數量。

3.供料時間

生產部門按照生產計劃事先提出物料請購，要給採購部門充分的準備時間，以便採購部門能依照生產部門的要求適時供料。

五、採購與生產現場協調合作

採購部門要為生產現場提供生產所需物料，二者的關係非常密切。採購部門與生產現場的實際關係是：生產現場希望物料能快速供應，以免發生斷料停工；而採購部門則希望能有充分的時間進行議價，以降低採購成本。也就是說，在採購的購運時間方面，彼此需要互相

尊重、充分協調，避免意氣用事。

六、採購部門與銷售部門的配合

採購部門和銷售部門存在一種互為補充、互相依賴的關係。企業採購部門的採購計劃雖然來源於生產部門的生產計劃，但最終還要落實到銷售部門的銷售預測上。同時，採購部門在採購市場上獲取的信息也可以為銷售部門所用。

由於採購與銷售是相對的兩個部門，各自都有豐富的工作經驗，它們之間的合作交流有助於提升雙方的經營業績。例如，採購部門在準備一項重大的採購活動時，可以和銷售部門開展模擬採購活動等，這樣採購活動就會更有效率。

七、採購部門與財務部門的配合

採購部門和財務部門在應付賬款、計劃和預算方面相互作用。採購部門提供給財務部門的信息，是財務部門進行公司發展和管理預算以及確定現金需要量的基礎。採購部門提供的有助於財務部門進行計劃的信息還有：物料和運輸成本及其發展趨勢，以及為了應付需求突然造成的供應短缺、或由其他可以預測的原因造成的供應中斷而進行遠期採購的計劃。同時，採購部門運作的有效性也可以作為衡量財務工作好壞的依據，會計體系不夠精細，就不能發現由於採購決策失誤造成的效率低下。而財務部門的合理預算又會對採購部門產生一定的監督作用，抑制一些腐敗和浪費行為的發生。

八、採購部門與品管部門的配合

1. 品管知識

採購人員應學習和掌握相關的品管知識，以便在考察、選擇供應商時，能瞭解供應商產品品質，採購到適當品質的物料以供應生產。

2. 品質標準

為了採購到一定品質與規格的物料，採購部門應與品管部門加強聯繫，以便品管部門提供必需的協助。

3. 物料驗收

品管部門對於廠商交來的物料因不符合要求而拒收時，應及時通知採購部門，以便及時採取必要的措施。

九、採購部門與倉儲部門的配合

採購部門應及時將採購的相關資料通知倉儲部門，例如，採購物料的品種、數量和交貨時間，以便倉儲部門有足夠的時間事先準備所需的空間。而倉儲部門應將存量數據告知採購部門，兩者須互相配合以達到最適當的存貨狀況，以便完成最佳存量控制。

第 **2** 章

採購作業的流程

第一節　採購作業的分類

採購作業的方式按不同的分類標準有不同的類型。具體如下：

1. 按採購政策分類

分類如下：

⑴集中採購。由公司總部採購部門統一進行採購，如醫藥連鎖藥店、連鎖超市等由總部進行統一採購。

⑵分散採購。由各公司、分廠的採購部門獨立進行採購。

2. 按採購性質分類

分類如下：

⑴公開採購。採購行為公開化。

⑵秘密採購。採購行為秘密進行。

⑶大量採購。採購數量多的採購行為。

⑷零星採購。採購數量零星化的採購行為。

⑸特殊採購。採購項目特殊，採購人員事先須花很多時間進行採

購情報搜集的採購行為。

⑹普通採購。採購項目普通的採購行為。

⑺正常性採購。採購行為正常化而不帶投機性質的採購行為。

⑻投機性採購。物料價格低廉時大量買進，以期漲價時轉手圖利的採購行為。如 1999 年某大型彩電生產廠家大量囤積彩管，就屬此種採購行為。

這種採購行為有可能獲得巨額的投機利潤，它有以下幾大特點：

①動用大量資金。

②等待有利購買時機才下手購買，有時會妨礙生產計劃的進行。

③使用大量的倉庫空間以儲存投機性採購的物資。

④若物料規格改變，投機性採購的物質就有報廢的危險。

⑼計劃性採購。依據物料需求計劃進行採購的行為。其優點在於存量能計劃性地適當加以控制，價格成本控制也較有把握。缺點是物料計劃及規格一旦發生變更，易造成企業與供應商的爭議。

⑽市場性採購。依據市場的情況，價格的波動而從事的採購行為，這種採購不是根據採購計劃進行的，具有人為因素。其優點是節省成本。缺點是存貨增加，倉儲增加，存貨儲備成本加大，規格一發生變更，物料有報廢的危險，市場價格趨勢判斷錯誤可能帶來極大損失。

3. 按採購地區分類

⑴國內採購。

當國內材料價格、品質、性能相差無幾時，應選擇國內採購，國內採購機動性強，手續簡單方便。

⑵國外採購。

當國外材料價格低、品質高、性能好，綜合成本比國內採購低時，可考慮從國外採購。但在某些關係到民族前途的企業，如信息產業、通信產業等，政府會鼓勵企業廠商，應當不僅僅考慮到當前利益，還應為長遠著想，儘量在國內採購或支持有能力的供應商而共同開發。

4. 按採購方式分類

⑴直接採購。直接向物料生產廠商進行採購。

⑵委託採購。委託代理商或貿易公司向物料生產廠商進行採購。

⑶調撥採購。在幾個分廠或協力廠商和顧客之間,將過剩物料互相調撥支持進行採購。

5. 按採購訂約方式分類

⑴訂約採購。買賣雙方根據訂立合約的方式進行的採購。

⑵口頭電話採購。買賣雙方不經過訂約方式而是以口頭或電話洽談方式進行的採購行為。

⑶書信電報採購。買賣雙方借書信或電報的往返而進行的採購行為。

⑷試探性訂單採購。採購方在進行採購事項時因某項原因不敢大量下訂單,先以試探方式下少量訂單,進行順利時才大量下訂單。

6. 按採購時間分類

⑴長期固定性採購。採購行為長期固定性的採購。

⑵非固定性採購。採購行為不固定,需要時就採購。

⑶計劃性採購。根據物料需求計劃進行採購。

⑷緊急採購。物料急用時毫無計劃的緊急採購行動。

⑸預定採購。預先將物料購進而後付款的採購。

⑹現金採購。現金購買物料的採購。

7. 按採購價格方式分類

⑴招標採購

將物料採購的所有條件(如物料名稱、規格、品質要求、數量、交貨期、付款條件、處罰規則、投標押金、投標資格等等)詳細列明,刊登公告。投標供應商按公告的條件,在規定時間內,交納投標押金,參加投標。招標採購的開標按規定必須至少 3 家以上的供應商參加投標報價,開標後原則上以報價最低的供應商得標,但得標的報價仍高

過標底時，採購人員有權宣佈廢標，或徵得監辦人員的同意，以議價方式辦理。

⑵詢價現購

採購人員選取信用可靠的供應商將採購條件講明，向供應商詢問價格或寄詢價單並促請對方報價，比較後現價採購。

⑶比價採購

採購人員請數家供應商提供價格後，從中加以比價，決定符合要求的供應商後，進行採購。

⑷議價採購

採購人員與供應商經討價還價後，議定價格進行採購。一般來說，詢價、比價和議價是結合使用的，很少單獨進行。

⑸訂價收購

購買物料數量巨大，非幾家廠商所能全部提供的，如紡織廠訂購棉花、糖廠訂購甘蔗等，或當市場上該物料匱乏時，則按定價現款收購。

⑹公開市場採購

採購人員在公開交易或拍賣時隨時機動的採購，因此大宗需要物料時，價格變動頻繁。

8. 按照最新潮流的採購方法分類

⑴國際採購的功能

如今，國際採購已經越來越多地成為國際的流行趨勢。如何在世界範圍內尋找合適的供應商，品質優異、價格合理的產品，已經是眾多物資採購企業必須面對的問題。

國際採購是一種處在不同國家的買方和賣方之間進行的商業交易。

國際採購透過擴大供應商選擇範圍，引入更多的競爭對手，以降低採購成本。

以集中採購為主的國際採購能讓企業獲得更多的折扣。

國際採購可以利用匯率變動進一步降低商品的採購成本。

⑵電子商務採購

電子商務是指交易雙方利用 Internet，按照一定的標準所進行的各類商業活動，是商務活動的電子化。電子商務採購就是利用電子商務形式進行的採購活動，因為電子商務主要是在 Internet 上進行的，所以電子商務採購又稱為網上採購。

電子商務採購主要依賴於電子商務技術的發展和物流技術的提高，依賴於人們觀念和管理理念的改變。網上採購的方式對降低採購成本、提高採購效率、杜絕採購腐敗起到了十分積極的作用。

電子商務採購具體是透過建立電子商務交易平台發佈採購信息，或主動在網上尋找供應商、尋找產品，甚至於透過網上洽談、比價、網上競價，實現網上訂貨甚至網上支付貨款，透過網下的物流過程進行貨物的配送，來完成整個採購交易過程。

第二節　採購作業的功能

一、採購和談判

企業設計採購組織之後，還必須對其內部職能進行設計，採購職能的設計一般有：採購和談判、跟蹤和催貨、日常作業以及採購研究等。

這項工作是確定可能的供應商、分析供應商的能力、選擇供應商以及確定與供應商所簽合約中的價格、條款和條件。這一職能通常由於採購物品類型的不同而進一步細分，如原材料(可以進一步細分)、

燃料、固定設備、辦公用品和設備、MRO(維護、修理、保養)物品。表 2-2-1 是採購和談判工作的典型描述。

表 2-2-1 採購和談判工作的描述

工作綜述：

負責在指定的商品和/或服務範圍內滿足採購需要，包括計劃、申請採購審查、選擇供應商、發訂單和跟蹤。

權限：

年採購量——×××萬元工作性質和範圍

⑴瞭解公司中特別訂單、部門的情況，特定外購物料、服務和運輸的要求，它們的使用和應用情況，其供應來源以及是否能買到，其價格、品質、供應商的績效和特殊需求的市場供求狀況。

⑵瞭解與所需物料採購有關的法律和法規，瞭解在物料使用地點上及與其發送和使用有關的具體規定。

⑶瞭解公司的採購政策和當地的申請採購及採購程序，發現為公司所需的、能夠而且應該在某一地區集中購買從而能帶來經濟利益的物資，然後進行必要的協調和信息溝通工作。

⑷審核所有收到的物料和服務的申請採購單，注意其完整性、描述清晰程度、是否得到批准、發送日期和指定的收貨地點。

⑸從對公司全局是否有價值的角度去審核所有收到的有關發送、價格、支付條件和供應商選擇的品質等方面的已確認的承諾。這樣，可以及時向公司的採購部門和管理層報告一切可能出現的損失。

⑹在指定的職責範圍內，向所有的或是可能的申請採購者傳達採購政策和申請採購程序。

⑺建立並維持與供應商和有關銷售人員之間的密切關係和商務聯繫，對於某些內部人員所需的銷售技術和操作方面的專業知識加以指導或從外部購買。

⑻為了確保以對公司最為有利的方式及時將所需的材料和服務發

送，必要時參與談判、發訂單和簽訂採購合約的工作。

⑼自始至終對公開交易進行監督，必要時就訂單情況和發送等事項與供應商、申請採購者、有關的管理層以及地區採購中心的人員進行信息溝通。必要時提供與採購職責有關的具體採購活動的總結報告。

⑾對指定物資的庫存進行監控，以確保其保持合適的庫存水準。對過剩物資和廢料或其他由於運輸、使用或銷售而產生的多餘材料進行處理。

⑿通過日常的實際應用對採購程序加以監控，以確保其與採購目標的協調。同時就採購管理的政策和程序向管理人員提出合理化建議，從而強化採購活動或促使核心業務的圓滿完成。

這項工作的一個變形是項目採購，即採購和談判專門是基於某一最終產品或項目。這是因為人們相信採購人員對項目的精通會帶來益處。項目結束之後，採購人員就會被指定去參與另一項目。項目採購也可用於一個大承包商的採購組織中，具體而言就是，組成總承包合約的每一項工作以及與這一工作配套的採購部門都有其自我控制的、暫時性的組織結構。

二、跟蹤和催貨

跟蹤和催貨職能負責採購合約，並跟蹤供應商在履行其在發送和品質方面承諾的情況，這樣可以避免任何突發事件的發生。如果問題嚴重，跟蹤和催貨職能應包括對供應商施加壓力，並協助其解決問題等內容。表 2-2-2 是對跟蹤和催貨工作的描述。

表 2-2-2　跟蹤和催貨工作的描述

工作綜述：
在採購總監指導下為協調所購零件或物料的及時發送而進行監督、報告或已被授權的合理行動。提供採購部門所需的一般性的管理支援。

最低資格要求：

資歷：必須具有高中以上學歷，良好的口頭、書面溝通能力和掌握基礎的數學知識。

經驗：兩年的生產控制和物料控制經驗或相關培訓和相關管理經驗。

特別要求：

必須能夠——

· 積極主動，具有相關常識並能對數據加以解釋
· 維持有效的內部和外部工作關係
· 建立和維護採購記錄
· 分辨並找出差錯或差異，並能制定改變的計劃

必須具備的知識——

· 必須瞭解基本的電子術語
· 生產環節
· 激勵方法中的基本人際關係
· 採購環節

主要責任：

①通過電話，信件和傳真等手段與供應商保持聯繫，並就其提出的關於所購物料的發送情況或公司提供的數據和規格要求等方面的諮詢做出回應。

②發現當前的或可能的發送或文件方面的問題，並採取已被授權的合理行動或向上級彙報。

③建立並維護產品規格、發送情況和供應商績效方面的記錄，並及時向上級彙報。

④保持同物料使用部門的聯繫，並就物料發送情況的諮詢做出回應。
⑤履行其他類似或有關的職責。

三、日常作業

日常作業職能包括處理正式採購文件的具體準備和日常工作、保存採購部門運作所需的必要數據、以及為高層管理人員和採購部門經理準備所需的期間報告。如果企業使用了電腦數據處理系統和電子數據交換（Electronic Data Interchange，EDI）系統，那麼，對這些系統的操作也是日常作業職能的任務。

四、採購研究

採購研究職能包括收集、分類和分析用於作出最佳採購決策所需的數據，對有關替代材料的使用進行研究，對採購價格和供應進行預測，對供應商生產和發送一批材料的必要成本進行分析。此外，還包括開發一套更有效地評價供應商績效的系統等研究工作。

第三節　採購作業的流程

由於公司類型不同，具體的採購流程可能各不相同，但總體而言，通常要包含的採購業務內容主要有下列幾項：

一、明確採購需求

在採購流程的初始階段，需要確定採購需求。公司面臨製造或者購買何種產品及何種規格的產品等選擇問題，必須對那些產品或活動

將由公司自己製造或者執行，以及那些產品或活動將被對外轉包作出決定，隨後需要討論的還有外包問題等。這個過程從草擬所要購買的項目的說明書開始，而這些說明書可能在細節上有所不同。

明確採購需求的目的是向供應商提供滿足採購用戶需求所需的信息。因此，在採購說明書中體現用戶的需求十分重要。否則，供應商可能會滿足採購說明書的需求，而完全忽視或無視用戶的實際需求。正確地明確需求是最根本的要求，因為它是成本、效果和利潤的主要決定因素，含糊不清或錯誤的採購說明，將導致問題出現：

(1)產品或服務供應的中斷和延遲，如由於供應商提供補充信息、澄清或改正錯誤花費的時間造成供應中斷和延遲；

(2)產生多餘的產品和服務中的額外成本，如調整運行成本。

二、選擇供應商

供應商的選擇是採購作業中重要的一環。它涉及了高品質供應來源的確定和評價，通過採購合約在銷售完成之前或之後，及時獲得所需的產品或服務的可能性。

為了有效地進行採購，採購部門必須有：

⑴履行情況良好的合約，當有需求時可基於這些合約發出訂單；

⑵所購物料項目的分類表；

⑶供應商記錄。

三、確定價格和採購條件

對報價進行分析並選擇好供應商後，就要發出訂單。由於對投標的分析和對供應商的選擇涉及到判斷，在這裏需指出，這些是採購過程中有一定邏輯性的步驟。有些企業使用簡單的投標分析幫助自己進

行對招標的分析。不過也沒有什麼固定的模式，也有許多採購活動不是通過招標進行的，例如可以通過查看價格表或通過談判。

四、擬訂採購訂單

如果不是採用供應商的銷售協定或是基於總括訂單這兩種形式，發出訂單之前通常涉及採購訂單的擬訂工作。由於合約形式使用不當，很可能帶來嚴重的法律上的爭議。而且，交易也可能記錄得不夠完善。因而，即使訂單是通過電話發出的，隨後也要補上書面的訂單。

有時遇到情況緊急，權宜之計是不經過正常的申請和填寫採購單等程序，企業就會派車去裝運所需的物料。但是絕對不允許（除非那些金額微不足道）沒有書面的（或是電腦打出的）訂單就進行物料採購。

一般而言，所有企業都有備好的採購訂單。不過，實際中許多採購活動不是在採購訂單上載明的條件下進行，起作用的常常是供應商提出的銷售協議上的條件。由於每個企業都會盡可能完善地保護自己的利益，在採購方備好的採購訂單上，由供應商承擔的責任常常在銷售協議裏轉化為採購方的責任。自然，企業都希望銷售生產產品時使用自己準備的銷售協議，而在採購時使用自己準備的採購訂單。

有些企業聲稱，如果不用他們準備的採購訂單就不進行任何採購。如果供應商強烈地反對採購訂單上所列的某些條款而且可以給出很好的理由，雙方就可以達成妥協。不過，在強大的賣方市場情況下，堅持這一規則就比較困難。而且，如果企業不在供應商準備的銷售訂單上簽字，一些供應商會拒絕銷售產品。

如果沒有其他可供選擇的貨源，例如供應商對某一產品擁有專利或是這一產品的價值極為突出，其他產品不能替代，在這樣的情況下，企業就沒有其他的選擇了。不過，通常情況下到底選用那一方準備的文書，有時取決於雙方相對實力的強弱、採購物品的特點、交易的複

雜程度以及在確定或發出訂單方面所制定的戰略。

五、發出訂單

在合約的條款和條件達成一致並記錄在案後，訂單就可以發出了。一般情況下，合約實際上就是購貨訂單。此外，也會有一些特殊情況，如在常規採購時購買方會就滾動式合約進行談判，包括較長時間（一年或更長時間）內需要的材料，接下來，購貨訂單會按照滾動式合約發出。在這種情形中，訂約和訂購是獨立的行動。

在向供應商訂貨時，明確發給供應商的信息和指令是十分重要的。通常，購貨單包括下列要素：訂貨編號、產品的簡要說明、單價、需求數量、期望的交貨時間或日期、交貨地址和發票地址。所有這些數據都需要在由供應商發出的，並用作簡化電子匹配的交貨單據和發票中反映出來。

六、貨物跟催

採購訂單發給供應商之後，企業會對訂單進行跟蹤和/或催貨。當訂單發出的時候，同時會確定相應的跟蹤接觸日期。在一些企業中，甚至設有全職的跟蹤和催貨人員。

跟蹤是對訂單所作的例行追蹤，以便確保供應商能夠履行其貨物發運的承諾。如果產生了問題，例如在品質或發運方面的問題，企業就需要對此儘早瞭解，以便採取相應的行動。跟蹤通常需要經常詢問供應商的進度，有時甚至有必要到供應商那裏走訪一下。不過，這一措施一般僅用於關鍵的、大額的和/或提前期較長的採購事項。

通常，為了及時獲得信息並知道結果，跟蹤是通過電話進行的；不過，一些企業也會使用一些由電腦生成的、簡單的表格，以查詢有

關發運日期和在某一時點生產計劃完成的百分比。

催貨是對供應商施加壓力，以便其履行最初所做出的發運承諾、提前發運貨物或是加快已經延遲的訂單所涉及的貨物的發運。如果供應商不能履行合約，企業應威脅取消訂單或以後可能的交易。

催貨應該僅適用於採購訂單的一小部份，因為如果企業對供應商能力已經做過全面分析的話，那被選中的供應商就應該是那些能遵守採購合約的可靠的供應商。而且，如果企業對其物料需求已經做了充分的計劃工作，如果不是情況特殊，它就不必要求供應商提前貨物的發運日期。當然，在物資匱乏的時候，催貨確實有重要的意義。

七、交貨驗收貨物

物料和其他項目的正確接收有重要的意義。如果不是在地域上分佈較分散的大企業，許多有經驗的企業採用將所有貨物的接收活動集中於一個部門的方法。由於收貨部門與採購部門的關係十分密切，所以許多企業中收貨部門直接或間接地向採購部門負責。在那些實施了JIT庫存管理系統的企業中，來自於已經獲得認證的供應商的物料可以完全免除接收和檢驗，並被直接送往使用點。

貨物接收的基本目的是：

⑴確保以前發出的訂單所採購的貨物已經實際到達；

⑵檢查到達的貨物是否完好無損；

⑶確保收到了所訂購的貨物數量；

⑷將貨物送往應到達的下一個目的地以進行儲存、檢驗或使用；

⑸確保與接收手續有關的文件都已進行登記並送交有關人員。

對貨物進行驗收時，有時會發現短缺現象。這一情況有時是因為運輸過程中丟失了一些物料，有時則是在發運時數量就不足。有時，在運輸過程中物料也可能產生損毀。所有這些情況採購部門都要寫出

詳細的報告交給供應商。

八、支付貨款

　　企業對發票一般都會有一定的要求，因而需要仔細處理。通常一式兩份，發票上通常有訂單編號和每一項物品的單價。

　　結清發票的程序在不同企業各不相同。實際上，對於發票的審核和批准，到底是供應部門的職責還是會計部門的職責，目前仍存在爭議。很明顯，發票必須經過審核和檢查。

　　許多企業認為，由於這一工作實際上是會計工作，所以應該由會計部門來做。這種觀點認為，這樣一來可以把採購部門從一項不增值的活動中解放出來；可以把會計工作集中到一間辦公室中；可以提供一次核查的機會，而且可以平衡採購工作和向供應商的款項支付工作。

　　主張發票應該由採購部門來核查，主要原因是，採購部門是交易最初發生的地點。如果有什麼差錯，採購部門可以立即採取行動。

　　在那些主要由會計部門來處理發票的公司中，典型的程序如下：

　　⑴所有的發票影本由供應商直接郵寄給負責應付賬款的部門。在這裏，工作人員會立即加蓋時間戳。除了那些採購訂單與發票不符的以外，所有的發票在核查後會被批准支付。

　　⑵那些在價格、條款或其他要點上與採購訂單有出入的發票，會被送交給採購部門來審核。

　　由於採購部門用於解決較小的差異，所需要的時間與有爭議的金額數相比對企業可能更重要，許多企業使用這樣的決策規則：只要差異在預先確定的範圍之內，例如，正負相差不超過 5%或 100 元，具體視那個數值較小而定，提交的發票就可以支付。當然，應付賬款管理部門應該對那些由供應商造成的差異進行記錄，以便發現那些供應商在發貨時是有意少發貨物的。

如果發票上沒有包括所有的必要信息，或是發票上的信息與採購訂單上的不一致，發票就被退回，供應商進行更正。通常，企業堅持在計算折扣時有效期間的開始點，是收到更正後的發票時，而不是最初收到發票的時候。

如果撤銷採購訂單涉及到了訂單撤銷費用，會計部門會要求採購部門在遞交用於處理這類費用的票據前，提供「費用通知單」，指明是那張訂單並指明將要支付的費用金額。

如果採購部門負責發票的審核，使用的是以下的程序：

進行完審核和必要的更正之後，原始發票被遞交給會計部門保管，直到採購部門授意支付款項。

發票的附件由採購部門保管，直到收貨部門通知它物料已經收到為止。只要採購部門收到收貨報告，它就按照發票檢查收貨報告。如果收貨報告和發票相符，採購部門就同時保管這兩份文件，直到檢查部門發來通知，指出這批貨物可以接受。

同時，採購部門就把它保管的發票副本和來自收貨部門的報告遞交給會計部門。而在會計部門的檔案中已經保管了發票的原始件。

九、維護記錄

經過了以上的步驟之後，對於一次完整的採購作業而言，剩下的就是更新採購部門的記錄。這一工作僅僅是把採購部門的與訂單有關的文件副本進行彙集和歸檔，並把其想保存的信息轉化為相關的記錄。前者主要是一些例行的公事，後者則涉及保存什麼樣的記錄以及保管多久。

不同企業對不同單據和記錄的重要性的認識都各不相同。例如，一張可以作為和外界所簽合約的證據的採購訂單一般要保存 7 年，它應該比作為內部備忘錄的採購申請單的保存期限要長。

　　無論是手工處理還是借助於電腦，一些最起碼要保存的記錄有以下幾種：

　　(1)採購訂單目錄。目錄中所有的訂單都被編號並指明每個訂單是未結的還是已結的。

　　(2)採購訂單卷宗。所有的採購訂單副本都按順序編號後保管在裏面。

　　(3)商品文件。記錄所有主要商品或項目的採購情況（日期、供應商、數量、價格和採購訂單編號）。

　　(4)供應商歷史文件。列出了與交易金額巨大的主要供應商進行的所有採購事項。

　　除此之外，其他的記錄文件還有以下幾種：

　　(1)勞務合約。指明所有主要供應商與企業所簽合約的狀況（合約到期日）。

　　(2)工具和壽命記錄。指明採購的工具、使用壽命（或生產數量）、使用歷史、價格、所有權和存放位置。這些信息可以避免對同一批工具支付兩次以上款項。

　　(3)少數的小額採購。指明從這些供應商處採購付出的金額。

　　(4)投標歷史文件。指明主要物料項目所邀請的投標商、投標額、投標的次數、成功的中標者等信息。

第四節　採購手冊的編寫

企業為了使其採購作業有章可循，通常都會要求採購主管根據採購政策編寫一份採購手冊，以指導企業採購人員的作業，並使採購作業制度化、合理化，以達到採購的適質、適時、適量、適價的目標。

一、採購手冊的基本內容

採購手冊的內容依企業的大小、業務範圍以及不同的需求而有許多的不同，但是不管有多大的差異，採購手冊的內容必須根據企業整體的政策而制定。一般的企業都把採購政策融入企業的制度中，而分佈在各地區的採購部門，則可依據當地的實際情況對企業的政策做適當的調整與修正，但這項修改要獲得企業同意才可施行。

最常見的內容有：提出採購申請的權限、競爭性招標、認可的供應商與供應商的聯繫和供應商的義務、對物料規格提出質疑的權限、為員工進行採購、禮物、總括採購訂單、保密數據、緊急訂單、與供應商的關係、要購提前期、採購數量的確定、貨物超量和短缺的處理程序、當地的採購行為、固定設備、維修服務的外購、選擇供應商的權力、確認訂單、未標價格的採購訂單、為採購決策進行的文件準備工作、結清發票及支付貨款、發票與訂單的差異問題、貨運單據、訂單的改變、樣品、退回的物料、廢舊和過剩物資的處理、決定支付的價格、小額訂單採購程序、與供應商銷售人員的會面以及數據的報告。

以下為某電子公司採購手冊的基本內容，以供參考。

⑴採購作業目標及定義。

⑵採購部門的工作範圍與任務。

⑶採購相關組織系統圖及定義(在企業組織中的位置,部門內組織分工)。

⑷採購部門內各採購事務單位作業內容與職責。

⑸採購部門內各採購人員的職責說明與權限(或含採購人員資歷甄選規定)。

⑹採購作業流程與各作業方法及規定要點說明。

⑺作業單據填寫說明、審核規定及電腦系統各作業(文件)操作程序說明。

⑻採購市場信息的搜集方針及報告系統說明。

⑼元件開發、型錄、樣本索取提供作業規定。

⑽供應廠商的開發與評選辦法。

⑾供應廠商的評鑑及管理辦法(含協力廠商輔導作業辦法)。

⑿採購報價審議原則方針與交易付款、運送條件規定說明。

⒀採購成員及公司其他部門與供應廠商接觸交往行為的原則規範。

⒁採購訂單或契約訂定、審議、簽核的作業規定及範本。

⒂採購組織內部成員及與協力廠商對文件數據的保密規定。

⒃物料採購記錄、供應廠商檔案及元件規格圖表等記錄檔案運用及文件管理辦法。

⒄委外加工機(模)具委託開制或委託保管及維修保養辦法規定。

⒅資材驗收、退貨、品質不良事件及材料處理作業規定。

⒆採購案件賠償或抱怨、索賠作業規定。

⒇緊急購案定義說明及作業處理規定。

(21)委外採購及策略性採購作業方針。

(22)採購參數設(修)訂、審議作業辦法。

(23)採購部門與其他部門的關係及關聯性協調作業要點說明。

(24)採購成員行為規範及相關懲處規定。

⑵採購作業內部稽核辦法及採購績效評定說明。

二、採購手冊的作用與架構

採購手冊也許會有多種不同的叫法，如採購管理手冊、採購作業規定或採購管理規劃/細則等，但其編寫的目的都是為了將企業的採購信息傳播給每一個相關的人員，因此採購手冊的編寫，應提供必要的指導原則，以方便有關人員對採購政策、程序和組織的瞭解。

採購手冊幾乎可以稱為是對新員工進行全面培訓的教科書。而且，萬一有人休假、生病或工作出現暫時的失衡，對於從另一個工作崗位新調來的員工來說，手冊是對其進行培訓的更快捷的方法。最後，手冊可以用來對那些職能部門以外的人解釋這一職能做什麼以及該怎樣做。

採購手冊的格式應該依據個別的需求而量身訂做，一般而言，手冊都會以活頁的方式裝訂起來，方便翻閱。現在則因為電腦的使用普遍，許多公司都把政策、制度做成檔存在電腦裏面，這樣更方便需求者能立即取得信息，也方便公司在修正制度時可以以更快的速度更新，而不必像印刷品必須花較多的時間去重新製版印刷。

採購手冊並沒有一套標準的架構，不同的公司有不同的形式。完整的手冊應該包括組織架構、職務、權責、功能、企業政策、部門政策、程序、指示、規範和有關企業特殊事項的指導原則。每一個企業或機構的手冊，都是依據企業的特定需求來設計的。

三、採購手冊的編寫程序

編寫採購手冊的步驟，與制定採購政策的步驟相似，也就是在政策制定完成之後，將其內容編寫成冊以方便使用。

　　毫無疑問，編寫手冊的準備工作會耗費不少時間，而且有些乏味，不過這一切都很值得。除非工作經過了精心計劃、並且各方面都非常到位，並最後能圓滿完成，否則做了還不如不做。對於手冊所涵蓋的範圍、重點和結構安排事先做出規劃非常重要。這一工作包括清楚定義制定這一手冊要達到的目的以及手冊的用途。因為這兩者對手冊的篇幅、形式和內容都有影響。

　　在工作剛開始的時候，採購主管就應該確定手冊是僅僅涵蓋各項政策，還是也要對企業和工作程序加以描述。如果是後者，詳細程度如何。這一工作一般是從收集目前使用的手冊開始的。一般而言，無論那個企業都有一些很好的、可以作為參考的手冊樣本。

　　在實際動手制定手冊前，應先制定總體框架。制定手冊的工作不必一步到位，可結合實際情況一部份一部份地做。請人就這一工作進行詳細討論和仔細檢查也大有裨益。人員方面不應只是局限於部門內部的員工，所有工作受這一手冊直接影響的人，例如工程技術人員和生產部門人員，都應參與進來。完成這一部份之後，這一部份就可以提交部門進行討論。其目的不僅僅是在修改手冊之前找出錯誤、提出建議，更重要的是要確保每個人都瞭解手冊的內容。這應該在手冊發佈之前進行。當實際發佈時，最好使用活頁的形式，這樣更容易進行修訂。另一個必須的步驟是請公司的首席執行官寫一篇簡短的前言，闡明部門的政策和工作，並確定部門的權限。

第五節 採購手冊範例

一、某電子公司採購手冊

第一條　總則

第二條　組織與職責

第三條　計劃與預算

第四條　分類與編號

第五條　申請

第六條　採購─總則

第七條　採購─組織與職責

第八條　採購─計劃與預算

第九條　採購─市場調查

第十條　採購─國內採購程序（包括建築工程發包程序）

第十一條　採購─國外採購程序

第十二條　採購─退貨與索賠

第十三條　採購─公證與保險

第十四條　採購─運輸與報關

第十五條　採購─追蹤制度

第十六條　採購─記錄

第十七條　驗收

第十八條　入賬與出賬

第十九條　倉儲與管理

第二十條　運輸

二、某化纖公司採購手冊

1. 採購工作手冊的功能和目的
2. 採購組織表
　2-1　採購部門的權責
　　2-2-1　採購部門主管的權責
　2-2　採購與其他部門的關係
　2-3　公共關係
3. 採購政策
　3-1　採購批核額度
　　3-1-1　資本支出申請(CAR)
　　3-1-2　請購
　　3-1-3　訂購單(PO)及合約
　　3-1-4　付款
　3-2　採購人員行為規範
　3-3　採購人員處理禮品及報酬
　　3-3-1　禮品及報酬的定義
　　3-3-2　不可收受的禮品及報酬
　　3-3-3　可收受的禮品及報酬

3-4　採購與供應商的責任

　3-4-1　供應商的責任

　3-4-2　訂單及合約的交易條件

4.採購程序

4-1　採購來源

　4-1-1　請購單

　4-1-2　資本支出申請

　4-1-3　工程發包申請

4-2　招標

4-3　簽訂商品及勞務採購合約

4-4　訂購單

　4-4-1　一般請購單

　4-4-2　重覆請購單

　4-4-3　訂單變更通知

　4-4-4　報價申請單(RFQ)

5.採購管理

5-1　採購相關單據的歸檔及保管

5-2　開發新來源

5-3　採購跟催

5-4　採購事實上期報告

5-5　採購人員的訓練及晉升辦法

5-6　供應商的管理

6.採購相關法律

第 **3** 章

採購作業的計劃編制

 ## 第一節　採購政策的制定流程

　　採購政策是一種聲明的性質，它用來描述採購行為的意圖與方針，其目的是引導企業的採購行為，以完成採購的職能。採購政策應是針對事件的，而不是針對人的。採購政策的制定應遵循法律法規，並與企業的規章制度及習慣相適應。企業的採購政策集中體現在採購手冊中。採購手冊是貫徹採購政策、程序與指令的書面數據，一般都是由採購主管組織編寫的，其內容必須簡單易懂，並且應適用於企業所有可能發生的採購作業。

　　採購政策必須要經過正式的管道傳達給企業的每一個與採購有關的人，而不僅只是限於實際上和採購有直接往來的人而已，並且要確定每一個人都瞭解他的責任以及被期許的事情。

　　要制定一套完善的採購政策是相當費時的，它需要企業各部門之間的配合，以及各級管理人員的協助。通常是由一個委員會來負責政策的制定與推行。

一、採購政策制定的重要性

制定採購政策的重要性如下：

⑴能把企業中的採購的功能與角色以條文形式來表示。

⑵能定義採購部門的責任與採購程序。

⑶確定並改善採購部門和其他職能部門之間的關係。

⑷發展並改良採購政策和程序的缺失。

⑸將採購政策標準化及發佈。

⑹方便訓練新進採購人員以及指導其他人員。

⑺促進供應商的瞭解以及合作。

⑻落實管理制度，並符合企業的要求。

⑼提供績效評估的標準。

⑽提高採購部門的專業水準。

二、採購政策制定的重點

採購政策的制定，下列重點必須要遵守：

⑴一開始就要得到高層主管的支持，對資源的配合以及部門之間的協調有很大幫助。

⑵採購政策必須和企業整體的政策配合，確保它能有效落實。

⑶採購政策必須和其他相關部門的政策與程序建立相互的聯結關係。

⑷事先檢視現行的政策與程序，可幫助發現政策的缺失，並作為修訂原有政策的基本藍圖。

⑸經由各相關人員對政策的形式與實質內容進行審視，避免陷入政策制定者的自我迷失。

三、採購政策的評估與修訂

企業採購政策，對企業的採購作業有直接的影響力。通過採購政策的評估，重新制定適合現在及未來的最佳採購政策，往往可以降低採購成本。

採購政策的評估，應先依據企業現行的採購政策，對各採購項目的供應來源展開研究，並列出其優缺點；其次以「採購項目」為主，針對每一個項目的採購政策，予以檢討修正，進而消除現有政策對採購項目所既存的缺點。在評估修正採購政策時，同時應以業種別、廠商別及物料別為基準，進行評估其影響採購成本的變動因素，例如：目前及日後的經濟動向、市場變化等因素，加以思考分析，才決定是獨家採購，或多家分散採購或一般性訂購方式，以使採購政策具有高度彈性。

在評估採購政策時，可使用下列評估項目進行評估：

⑴在執行採購前，是否已檢討集中及分散採購等機制的優缺點？

⑵交易形態能否適合運用，以降低採購成本？

⑶採購政策是否具有可配合市場、經濟動向或其交易內容變異的彈性？

⑷中、長期或年別的採購執行方式是否明確？

⑸改變訂貨量對於採購成本會有影響嗎？

⑹是否對供應商進行評鑑？

⑺是否依供應商評鑑結果進行訂貨？

⑻是否積極的輔導或培育供應商？

⑼對供應商的輔導成果是否反映在採購成本上？

四、採購政策與手冊範例

採購政策與手冊的編寫具有很強的實務性,下列相關範例內容,可供採購主管參考使用。

某零售企業採購政策

第一條 本公司對物料供應採用集中採購制度。

第二條 本公司物料採購計劃是根據物料需給計劃而擬訂。

第三條 本公司對儲備物料採用預購備用方式採購,對非儲備物料採用現用現購方式採購。

第四條 本公司採購人員應採取客觀公正的態度並保持價值觀念來從事業務。

第五條 本公司對國外採購得經由供應商或製造商以詢價、比價、議價或投標方式辦理。對國內採購其為現貨、期貨者,得經由供應商或製造商,其為訂制(當地製造)者得直接經由製造商,以詢價、比價、議價或投標方式辦理。

第六條 每一購案的供應商或製造商,除因採購金額微小或因事實上不可能外,應以指定兩家或兩家以上詢價為原則。

第七條 本公司採購得於必要時以訂立長期或短期採購合約方式辦理。是否以訂約為宜,及訂約期間的長短,應以與本公司最有利的因素考慮的。

第八條 本公司對物料採購應加強發揮計劃與預算的功能,以增進效率,減低成本。

第九條 本公司對物料採購應實施市場調查工作,建立有關資料,作為選擇供應商或製造商的依據。

第十條 本公司對物料採購工作的進行,應實施獨立的追蹤制

度,以增進工作效能。

第十一條 本公司對物料採購應保持完整的記錄,以供充分參考運用。

第十二條 本公司為實施擴充計劃的需要而設備擴建委員會時,對採購業務職責的規定,應依總經理室核定者為準。

2. 某電腦公司採購政策

第一條 規定一個優良供應商必備的條件。

第二條 說明本公司全面品管的概念。

第三條 確立選擇供應商的標準。

第四條 與供應商的關係。

第五條 分配訂單的原則。

第六條 整合供應商的能力。

第七條 降低採購價格。

第八條 採購人員的責任。

第九條 對供應商的協助。

第二節 影響採購計劃編制的因素

影響採購計劃編制準確性的因素,有下列各項:

1. 年銷售計劃

企業年的經營計劃多以銷售計劃為起點,除非市場出現供不應求的狀況;而銷售計劃的擬訂,又受到銷售預測的影響。影響銷售預測的因素,包括外界的不可控制因素,如國內外經濟發展狀況(GNP、失業率、物價、利率等)、政治體制、人口增長、文化及社會環境、技術發展、競爭者狀況等;以及內部可控制因素,如財務狀況、技術水準、

廠房設備、原料零件供應情況、人力資源及企業聲譽等。

2. 年生產計劃

通常情況下，生產計劃根源於銷售計劃，若銷售計劃過於樂觀，將使產量變成存貨，造成企業的財務負擔；反之，過度保守的銷售計劃，將使產量不足以供應顧客所需，喪失了創造利潤的機會。因此，生產計劃常因銷售人員對市場的需求量估算失當，造成生產計劃朝令夕改，也使得採購計劃必須經常調整修正，物料供需長久處於失衡狀況。

3. 物料清單 (BOM)

特別在高科技行業，產品工程變更層出不窮，致使物料清單（BOM）難做及時的反應與修訂，以致根據產量所計算出來的物料需求數量，與實際的使用量或規格不盡相符，造成採購數量過與不及，物料規格過時或不易購得。因此，採購計劃的準確性，有賴維持最新、最正確的物料清單。

4. 庫存管理卡

由於應購數量必須扣除庫存數量，因此，庫存管理卡的記載是否正確，將是影響採購計劃準確性的因素之一。這包括料賬是否一致，以及物料存量是否全為良品。若賬上數量與倉庫架台上的數量不符，或存量中並非全數皆為規格正確的物料，這將使倉儲的數量低於實際上的可取用數量，故採購計劃中的應購數量將會偏低。

5. 物料標準成本的設定

在編制採購預算時，對將來擬購物料的價格預測不太容易，故多以標準成本替代他。如果此標準成本的設定，缺乏過去的採購資料為依據，亦無相關人員嚴密精確地計算其原料、人工及製造費用等組合或生產的總成本，則其正確性是值得懷疑的。因此，標準成本與實際購入價格的差額，即是採購預算準確性的評估指標。

6. 生產效率

生產效率的高低，將使預計的物料需求量與實際的耗用量產生誤差。產品的生產效率降低，會導致物料的單位耗用量提高，而使採購計劃中的數量不夠生產所需。過低的產出率，亦會導致要經常修改作業，而使得零件的損耗超出正常需用量。所以，當生產效率有降低趨勢時，採購計劃必須將此額外的耗用率計算進去，才不會發生物料的短缺現象。

7. 價格預期

在編制採購預算時，常對物料價格漲跌幅度、市場景氣與否，乃至匯率變動等多加預測，甚至列為調整預算的因素。不過，因為個人主觀判定與實際情況常有差距，亦可能會造成採購預算的偏差。

由於影響採購計劃編制的因素很多，故採購計劃與預算編制之後，必須與產銷部門保持經常的聯繫，並針對現實的狀況做必要的調整與修訂，才能達成維持正常產銷活動的目標，並協助財務部門妥善規劃採購資金的來源。

 # 第三節　編制採購計劃

一、編制採購計劃的目的

一般而言，製造業的經營自購入原料、物料後，經過加工製造或經過組合裝配成為產品，再通過銷售過程獲取利潤。其中如何獲取足夠數量的原料、物料，即是採購計劃的重點所在。因此，採購計劃是為維持正常的產銷活動，在某一特定時期內，應在什麼時候購入何種材料的估計作業。那麼採購計劃應該達到以下目的：

⑴預估材料需用數量與時間，防止供應中斷，影響產銷活動。

⑵避免材料儲存過多，積壓資金及佔用空間。

⑶配合公司生產計劃與資金調度。

⑷使採購部門事先準備，選擇有利時機購入材料。

⑸確立材料耗用標準，以便管制材料採購數量及成本。

採購計劃是根據市場需求、生產能力和採購環境容量制訂的，它的制訂需要具有豐富的採購計劃經驗、採購經驗、開發經驗、生產經驗等複合知識的人才能勝任，並且要和認證等部門協作進行。

表 3-3-1　採購數量計劃表

供 貨 商				
本日存貨	日期			
	噸			
本日存貨耗用期限				
訂購日期				
I/L申請日期				
L/C開出日期				
裝　盤	噸			
	開船日期			
	抵達日期			
船到入庫存量				

採購計劃包含認證計劃和訂單計劃兩部份內容。認證是採購環境的考察、論證和採購物料項目的認定過程，是採購計劃的準備階段。制定認證計劃，是通過對庫存餘量的分析，結合企業生產需要，在綜合平衡之後制定為基本的採購計劃，包括採購的內容、範圍、大致數量等。訂單計劃是採購計劃的實施階段，採購計劃的制定是通過訂單

實現的，訂單制定要充分考慮市場需求和企業自身的生產需求進行，還要有相當的時間觀念，因為採購本身是企業市場預測結果的重要組成部份。認證計劃和訂單計劃二者必須要做到綜合平衡，以便保證採購物料能及時供應，同時降低庫存及成本、減少應急單、降低採購風險。

二、編制採購計劃的基礎資料

(1)生產計劃(Production Schedule)

根據企業的銷售預測，再加上經驗判斷，就可以擬訂銷售計劃。銷售計劃表明各種產品在不同時間的預期銷售數量。而生產計劃是依據銷售數量，加上預期的期末存貨，減去期初存貨來制訂的。

(2)用料清單(Bill of Material，BOM)

生產計劃一般只列出產品的數量，而不能反映某一產品需用那些物料及所需數量，因此必須借助於用料清單。用料清單是由研發部或產品設計部門制定的，根據用料清單可以精確地計算出製造每一種產品的物料需求數量(Material Requirement)。將用料清單上所列示的耗用量(即標準用量)與實際用量相比，即可作為來料管理的依據。

(3)存量卡(Stock Card)

如果產成品有存貨，那麼生產數量不一定等於銷售數量。同理，若材料有庫存，則材料採購也不一定等於材料需用量。因此，必須建立物料的存量卡，以表明某一物料目前的庫存狀況；再依據需求量，並考慮購料的時間和安全庫存量，算出正確的採購數量，然後開具請購單，進行採購活動。

三、採購計劃的類型

按照不同的分類標準，採購計劃可區分為下述不同類型：

1. 按計劃期長短劃分

按計劃期長短劃分，可以把採購計劃分為年度物料採購計劃、季物料採購計劃、月物料採購計劃等。年度採購計劃反映大類或類別商品的訂購總量，用來與企業內部進、銷、存能力進行平衡，以及與企業的計劃任務量、資金、費用、盈利等指標進行平衡。季或月採購計劃是按具體規格、型號編制的，是採購依據。

2. 按物料的使用方向劃分

按物料的使用方向劃分，可以把採購計劃分為生產產品用物料採購計劃、維修用物料採購計劃、基本建設用物料採購計劃、技術改造措施用物料採購計劃、研發用物料採購計劃、企業管理用物料採購計劃等。

3. 按自然屬性劃分

按自然屬性劃分，可以把採購計劃分為金屬物料採購計劃、機電產品物料採購計劃、非金屬物料採購計劃等。

四、訂單計劃的編制

訂單計劃的制訂也包括了以下 4 個主要環節。

1. 準備訂單計劃

準備訂單計劃主要分為 4 個方面：瞭解市場需求、瞭解生產需求、準備訂單背景數據和制定訂單計劃說明書。

圖 3-3-1　準備訂單計劃的過程圖

⑴瞭解市場需求

　　市場需求是啟動生產供應程序的流動牽引項，要想制定比較準確的訂單計劃，首先必須熟知市場需求或者市場銷售。市場需求的進一步分解便得到生產需求計劃。企業的年銷售計劃一般在上一年的年末制定，並報送至各個相關部門，同時下發到銷售部門、計劃部門、採購部門，以便指導全年的供應鏈運轉，根據年計劃制定季、月的市場銷售需求計劃。

⑵瞭解生產需求

　　生產需求對採購來說可以被稱為生產物料需求。生產物料需求的時間是根據生產計劃而產生的，通常生產物料需求計劃是訂單計劃的主要來源處。為了利於理解生產物料需求，採購計劃人員需要深入熟知生產計劃以及技術常識。在 MRP 系統之中，物料需求計劃是主生產計劃的細化，它主要來源於主生產計劃、獨立需求的預測、物料清單文件、庫存文件。編制物料需求計劃的主要步驟包括：

　　①決定毛需求。

　　②決定淨需求。

　　③對訂單下達日期及訂單數量進行計劃。

⑶準備訂單環境數據

　　準備訂單環境數據是準備訂單計劃中一個非常重要的內容。訂單環境是在訂單物料的認證計劃完畢之後形成的，訂單環境數據主要包括：

　　①訂單物料的供應商消息。

　　②訂單比例信息。

對多家供應商的物料來說，每一個供應商分攤的下單比例稱之為訂單比例，該比例由認證人員產生並給予維護。

③最小包裝信息。

④訂單週期。訂單週期是指從下單到交貨的時間間隔，一般以天為單位。

訂單環境一般使用信息系統管理。訂單人員根據生產需求的物料項目，從信息系統中查詢、瞭解該物料的採購環境參數及描述。

⑷制定訂單計劃說明書

制定訂單計劃說明書也就是準備好訂單計劃所需要的數據，其主要內容包括：

①訂單計劃說明書(物料名稱、需求數量、到貨日期等)。

②附件。市場需求計劃、生產需求計劃、訂單環境數據等。

2.評估訂單需求

評估訂單需求是採購計劃中非常重要的一個環節，只有準確地評估訂單需求，才能為計算訂單容量提供參考依據，以便制定出好的訂單計劃。它主要包括以下三個方面的內容：分析市場需求、分析生產需求、確定訂單需求。評估訂單需求的過程如圖 3-3-2 所示。

圖 3-3-2　評估需求過程圖

⑴分析市場需求

訂單計劃不僅僅來源於生產計劃：一方面，訂單計劃首先要考慮的是企業的生產需求，生產需求的大小直接決定了訂單需求的大小；另一方面，制定訂單計劃還得兼顧企業的市場戰略以及潛在的市場需求等；此外，制定訂單計劃還需要分析市場要貨計劃的可信度。因此，必須仔細分析市場簽訂合約的數量、還沒有簽訂合約的數量(包括沒有

及時交貨的合約)等一系列數據，同時研究其變化趨勢，全面考慮要貨計劃的規範性和嚴謹性，還要參照相關的歷史要貨數據，找出問題的所在。只有這樣，才能對市場需求有一個全面的瞭解，才能制定出一個滿足企業遠期發展與近期實際需求相結合的訂單計劃。

(2)分析生產需求

分析生產需求是評估訂單需求首先要做的工作。要分析生產需求，首先就需要研究生產需求的產生過程，其次再分析生產需求量和要貨時間。以下僅通過一個簡單的例子做一下說明：某企業根據生產計劃大綱，對零件的清單進行檢查，得到第一級組成部件的毛需求量。在第一週，現有的庫存量是 80 件，毛需求量是 40 件，那麼剩下的現有庫存量：現有庫存量 80－毛需求量 40＝40(件)。第三週預計入庫120 件，毛需求量 70 件，那麼新的現有庫存為：原有庫存 40＋入庫120－毛需求量 70＝90(件)。這樣每週都有不同的毛需求量和入庫量。這樣就產生了不同的生產需求，對企業不同時期產生的不同生產需求進行分析是很有必要的。

(3)確定訂單需求

根據對市場需求和對生產需求的分析結果，就可以確定訂單需求。通常來講，訂單需求的內容是指通過訂單操作手段，在未來指定的時間內，將指定數量的合格物料採購入庫。

3.計算訂單容量

計算訂單容量是採購計劃中的重要組成部份，只有準確地計算訂單容量，才能對比需求和容量，經過綜合平衡，最後制定出正確的訂單計劃。計算訂單容量主要有四個內容：分析項目供應數據、計算總體訂單容量、計算承接訂單量、確定剩餘訂單容量。

圖 3-3-3　計算數量的過程圖

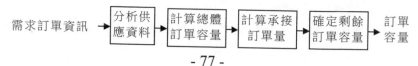

需求訂單資訊 → 分析供應資料 → 計算總體訂單容量 → 計算承接訂單量 → 確定剩餘訂單容量 → 訂單容量

⑴分析項目供應數據

在採購過程中，物料和項目都是整個採購工作的操作對象。對於採購工作來講，在目前的採購環境中，所要採購物料的供應商信息是很重要的一項信息數據。如果沒有供應商供應物料，那麼無論是生產需求還是緊急的市場需求，一切都是空談。可見，有供應商的物料供應是滿足生產需求和滿足緊急市場需求的必要條件。舉例來說：某企業需要設計一家練歌房的隔音系統，隔音玻璃棉是完成該系統的關鍵材料，經過項目認證人員的考察，該種材料被壟斷在少數供應商手中。在這種情況下，企業的計劃人員就應充分利用這些情報，在下達訂單計劃時就會有的放矢了。

⑵計算總體訂單容量

總體訂單容量是多方面內容的組合，一般包括兩方面內容：一方面是可供給的物料數量；另一方面是可供給物料的交貨時間。舉例說明這兩方面的結合情況：供應商麗華公司在 12 月 31 日之前可供應 7 萬個特種按鈕(A 型 4 萬個，B 型 3 萬個)，供應商百茂公司在 12 月 31 日之前可供應 10 萬個特種按鈕(A 型 6 萬個，B 型 4 萬個)，那麼 12 月 31 日之前 A 型和 B 型兩種按鈕的總體訂單容量為 17 萬個，B 型按鈕的總體訂單容量為 7 萬個。

⑶計算承接訂單容量

承接訂單量是指某供應商在指定的時間內已經簽下的訂單量。但是，承接訂單容量的計算過程較為複雜，下面舉例說明：供應商華泰公司在 1 月 28 日之前可以供給 3 萬個特種按鈕(A 型 1.5 萬個，B 型 1.5 萬個)，若是已經承接 A 型特種按鈕 1.5 萬個，B 型 1 萬個，那麼對 A 型和 B 型物料已承接的訂單量就比較清楚(A 型 1.5 萬個＋B 型 1 萬個＝2.5 萬個)。

⑷確定剩餘訂單容量

剩餘訂單容量是指某物料所有供應商群體的剩餘訂單容量的總

和。用公式表示如下：

物料剩餘訂單容量＝物料供應商群體總體訂單容量－已承接訂單量

4.制定訂單計劃

制定訂單計劃是採購計劃的最後一個環節，也是最重要的環節。它主要包括以下 4 個方面的內容：對比需求與容量、綜合平衡、確定餘量認證計劃、制定訂單計劃。制定訂單計劃過程如圖所示。

圖 3-3-4　制定訂單計劃的過程圖

⑴對比需求與容量

對比需求與容量是制定訂單計劃的首要環節，只有比較出需求與容量的關係才能有的放矢地制定訂單計劃。如果經過對比發現需求小於容量，即無論需求多大，容量總能滿足需求，則企業要根據物料需求來制定訂單計劃；如果供應商的容量小於企業的物料需求，則要求企業根據容量制定合適的物料需求計劃，這樣就容易產生剩餘物料需求，需要對剩餘物料需求重新制定認證計劃。

⑵綜合平衡

綜合平衡是指綜合考慮市場、生產、訂單容量等要素，分析物料訂單需求的可行性，必要時調整訂單計劃，計算容量不能滿足的剩餘訂單需求。

⑶確定餘量認證計劃

在對比需求與容量時，如果容量小於需求就會產生剩餘需求。對於剩餘需求，要提交認證計劃制定者處理，並確定能否按照物料需求規定的時間及數量交貨。為了保證物料及時供應，此時可以通過簡化認證程序，並由具有豐富經驗的認證計劃人員進行操作。

⑷制定訂單計劃

制定訂單計劃是採購計劃的最後環節，訂單計劃做好後就可進行採購工作了。一份訂單包含的內容有下單數量和下單時間兩方面：

下單數量＝生產需求量－計劃入庫量－現有庫存量＋安全庫存量

下單時間＝要求到貨時間－認證週期－訂單週期－緩衝時間

某企業採購計劃制定流程

⑴營業部於每年年開始時，提供主管單位有關各機型的每季、每月的銷售預測。銷售預測須經營會議通過，並配合實際庫存量、生產需要量、現實狀況，由生產管理單位編制每月的採購計劃。

⑵生產管理單位編制的採購計劃副本送至採購中心，據以編制採購預算，經經營會議審核通過後，再將副本送交財務單位編制每月的資金預算。

⑶營業部門變更「銷售計劃」或有臨時的銷售決策(如緊急訂單)，應與生產單位、採購中心協商，以排定生產日程，並修改採購計劃及採購預算。

某企業採購計劃制定管理辦法

為規範公司採購行為，降低公司經營成本，特制定如下採購計劃和申請管理辦法：

⑴根據公司年經營計劃、材料消耗定額、各部門物資需求以及現有庫存情況，可以制定年採購計劃預案。

⑵根據年生產進度安排、資金情況和庫存變化，相應制定年、季或月的具體採購計劃。該計劃按期滾動修訂。

⑶年採購計劃須經總經理辦公會議批准實施，半年、季採購計劃須經總經理審批，月採購計劃變化不大的經主管副總經理核准。

---

(4)根據採購計劃製作的採購預算表，以一式多聯方式提交，分別經採購部經理、主管副總經理、總經理按權限簽批核准。

(5)公司物料庫存降低到安全庫存量或控制標準時，可及時提出採購申請，並分為定量訂購和定時訂購兩種方法實施採購。

 # 第四節　編制採購預算

一、採購預算的意義

1.採購預算的定義

採購預算是一種用數量表示的計劃，是將企業未來某時期內採購決策的目標通過有關數據系統地反映出來，是採購決策數量化的表現。一般而言，企業制訂採購預算主要是為了促進企業採購計劃工作的開展與完善，減少企業的採購風險，合理安排有限資源，保證資源分配的效率，進行成本控制等。

採購預算是指導和控制採購過程的「生命線」，是開啟採購管理的鑰匙，它與採購計劃是密不可分的。採購預算是在採購計劃的基礎上制訂的，預算的時間範圍與採購計劃期應該一致。在編制採購預算時，必須體現科學性、嚴肅性、可行性。而目前，有些企業專項資金預算項目不夠細，沒有制定配備標準，預算隨意性強，導致採購部門無法全面、準確、及時地掌握採購商品信息，無法按步驟實施採購。

為此，必須高度重視採購預算決策活動，不僅要瞭解本年預算的實施情況，還要瞭解市場。只有做到知己知彼，才能百戰不殆。同時，要從實際出發，瞄準影響企業採購成本的關鍵問題，制訂降低成本增效的規劃、目標和措施，從而保證制訂的預算合理、正確。隨著時間

的推移，採購人員應積極主動地與不同職能的部門定期溝通，瞭解它們的計劃和預算是否仍然準確或已發生了變化。

2. 制定採購預算的目的

採購主管進行採購一定要做到心中有「數」。「數」是什麼？是預算。預算是一種用數量表示的計劃，是將企業未來一定時期內經營決策的目標，通過有關數據系統地反映出來，是經營決策的具體化、數量化。

一般來說，企業制訂預算主要有以下目的：

⑴促進企業計劃工作的開展與完善，減少企業的經營風險與財務風險。預算的基礎是計劃，預算能促使企業的各級經理提前制訂計劃，避免企業盲目發展，遭受不必要的經營風險和財務風險。事實上，預算的制訂和執行過程，就是企業不斷用量化的工具，使自身的經營環境、自有資源和企業的發展目標保持動態平衡的過程。

⑵使企業高層管理者全盤考慮企業整個價值鏈之間的相互關係，明確各自責任，便於各部門之間的協調，促成企業長期目標的最終實現。

⑶使部門之間的有限資源得到合理安排，保證資源分配的效率。

⑷有利於對成本進行控制。

預算的實質是一種協調過程，它要求來自企業各個部門、各個層次運用其自身所具有的知識，揉合所從事具體活動的經驗，再發揮各自的職責，由此得出一個綜合的或總的預算。每一個部門或層次的預算由其下級層次的預算加總構成，再加上與管理這一特定部份和層次相關的成本和其他預算項目。

也正因為如此，預算會影響資源的分配。由於企業管理者常根據預算與實際數據的比較來評定部門或個人的業績，部門主管可能故意把預算做大或做小，例如，採購部門為提高其在企業內的地位，獲得更多的資源，往往誇大其詞，將預算做大，從而控制更多的人力、物

力和財力。因此，採購部門提交更具有挑戰性的預算報告時，必須對業績評估方式進行適當的修改。在充分審查了影響預算的內外不可控因素後，企業管理者應實事求是地制訂假設條件，使業績評估人員明確：那些是可控因素，那些是不可控因素。對於不可控因素，在進行業績評估時，必須要給予充分考慮，並向管理者提出建議。這樣就解除了部門主管績效評估的後顧之憂，解開了束縛他們的繩索。

二、採購預算的編制

採購預算是採購部門為配合年銷售預測，對需求的商品等的數量按成本進行的估計。

採購預算如果單獨編制，不但缺乏實際的應用價值，也失去了其他部門的配合，所以採購預算的編制必須以企業整體預算制度為依據。

對整個企業而言，預算管理的最高組織協調者，可以是公司的預算管理委員會或總經理；預算協調員可以是公司的部門經理、公司經理；預算編制人可以為一個部門、一個子公司，甚至一個業務員。

1.採購預算編制要點

為了確保預算能夠規劃出與企業戰略目標相一致的可實現的結果，必須尋找一種科學的方法來達到這一目標，企業管理者應當與採購部門主管就目標積極開展溝通，調查要求和期望，考慮假設條件和參數的變動，制訂勞力和資金需求預算。

為了使預算更具靈活性和適應性，以應對意料之外可能發生的事件，減少預算的失誤以及由此帶來的損失，企業在預算過程中應當盡力做到以下幾點：

⑴編制預算之前，要進行市場調查，廣泛搜集預測信息和基礎資料數據，例如市場需求量、材料價格、各種消耗定額、費用限額等，並對這些信息資料進行必要的加工、整理，然後再用於編制採購預算。

如果忽視了對市場的調研與預測，可能會使預算指標缺乏彈性，缺乏對市場的應變能力，致使採購預算不能發揮其應有的控制作用。

⑵編制預算時，為最大限度地實現企業的總目標，應制訂切實可行的編制程序、修改預算的辦法、預算執行情況的分析等。

⑶確立恰當的假定，以便預算指標建立在一些未知而又合理的假定因素的基礎上，便於預算的編制和採購管理工作的開展。預算編制中最令人頭痛的問題是，預算編制人員不得不面對一些不確定的因素，也不得不預定一些預算指標之間的關係。譬如，在確定採購預算的現金支出時，必須先預定各種商品價格的未來走向。因此，在編制預算時，要根據歷史數據和對未來的預測確立合理的假定，確保採購預算的合理性、可行性。

⑷每項預算應盡量做到具體化、數量化。在編制採購預算時，必須對每一項支出都要寫出具體數量和價格，因為只有越具體，才越可以準確地判斷預算做得是否正確，才能促使部門在採購時精打細算，節約開支。在實際編制採購預算過程中，應在採購預算表下附該預算期現金支出計算表，以便編制現金預算。

⑸應強調預算廣泛參與性，讓盡可能多的員工參與到預算的制訂中來，這樣既可以提高員工的積極性，也可以促進信息在更大的範圍內交流，使預算編制中的溝通更為細緻，增加預算的科學性和可操作性。當然，在強調預算的廣泛參與性的同時，也要注意預算制訂的效率，要注意區分各級員工參與的程度，不能統一處理。

2.採購預算的編制步驟

預算過程應從採購目標的審查開始，接下來是預測滿足這些目標所需的行動或資源，然後制定計劃或預算。採購預算編制一般包括以下幾個步驟，如圖 3-4-1 所示。

採購預算編制一般包括以下幾個步驟：

⑴審查企業以及部門的戰略目標。採購部門作為企業的一個部

門，在編制預算時要從企業總的發展目標出發，審查本部門和企業的目標，確保兩者之間的相互協調。

圖 3-4-1　採購預算編制過程圖

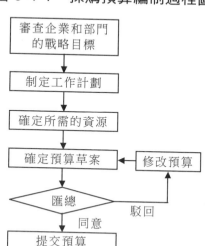

(2)制訂明確的工作計劃。採購主管著手制定工作計劃表時，必須瞭解本部門的業務活動，明確它的特性和範圍。

(3)確定所需的資源。有了詳細的工作計劃表，採購主管要對業務支出做出切合實際的估計，確定為實現目標所需要的人力、物力和財力資源。

(4)確定較準確的預算數據。確定預算數據是企業編制預算的難點之一。目前，企業普遍的做法是將目標與歷史數據相結合來確定預算數據，即對過去歷史數據和未來目標逐項分析，使收入和成本費用等各項預算切實合理可行。對過去的歷史數據可採用比例趨勢法、線性規劃、回歸分析等方法，找出適用本企業的數學模型來預測。有經驗的預算人員也可以通過以往的經驗做出準確判斷。

(5)匯總編制總預算。對各部門預算草案進行審核、歸集，調整匯總編制總預算。

(6)修改預算。由於預算總是與實際有所差異，因此必須根據實際情況選定一個偏差範圍。偏差範圍的確定可以根據行業平均水準，也可以根據企業的經驗數據。設定了偏差範圍以後，採購主管應比較實際支出和預算的差距，以便控制業務的進展。如果與估計值的差異達到或超過了容許的範圍，就有必要對具體的預算做出建議或必要的修訂。

(7)提交預算。將編制好的預算提交企業負責單位批准。

三、採購預算的類型

採購所涉及的預算有以下幾種：

(1)材料(經營)採購預算。材料或經營預算從對預算經營行為的預測開始，它的根據是銷售預測和計劃。銷售預測和計劃可以用來推斷出用於原材料採購的所有資金。企業在原材料上的投資很關鍵，資金的短缺有可能導致物料的短缺，從而造成很大的損失。進行預算最主要的好處是，能夠分析清楚現金流動情況，並且提前發現問題。敏感性分析給了採購部門一個機會去尋找或者開發其他替代品，通常，材料採購預算是年計劃或更短的計劃，除了那些耗資高、生產週期長的複雜產品，例如，飛機或電廠就需要長期預算。

(2) MRO 物品預算。MRO 預算為所有的維護、修理及輔助用料提供採購計劃，時間通常為 12 個月。因為每一系列貨品的數目都可能很大，以至於不宜為每一種貨物做預算。通常，採購預算是使用過去的比率來完成的，例如維護、修理及輔助用料成本，依據對庫存和總的價格水準的預測變化而進行調整。

(3)資金預算。資金使用計劃通常涉及幾年的時間，其依據是公司對產品線、市場佔有率及開拓新項目的戰略計劃。依據生產需求、現有設備的淘汰、設備更新需求和拓展計劃，可以制訂資金需求計劃。

在做資金預算時，諸如供應商的提前期（它可能會很長）、資金成本、預期的價格上升，以及需要給設備供應商預付款等情況，都必須考慮到。

(4)經營預算。依據預期的工作負荷，每年的經營應該準備出所有的採購費用。這些費用包括薪資、供熱和供電的成本、設備成本、電腦使用或時間共用費用的數據處理成本、旅遊和招待費用、參加研討會和專業會議的人員教育費用、郵費、電話費和傳真費、辦公設備費用、商業雜誌訂閱費和採購其他圖書的附加費用。

如果預算對以前的會計年有影響，就應該比較預算和實際耗費，協調任何重要的差別。每一個月都應該比較費用和預算，以便於控制費用並及時發現問題。在瞭解部門過去的經營費用後，應該為下一個會計年做出預算，這個預算包括薪資的上漲、人員的增減，以及與採購計劃有關的所預測的所有其他費用。最後的預算應該與企業的總預算相一致。

第五節　耐奇蘋果公司的採購預算

1. 公司背景介紹

紐約北部有一家名為耐奇蘋果公司的蘋果加工廠，主要生產蘋果醬和蘋果餅的餡心。該公司向當地的果農採購麥克考斯和格蘭尼斯兩種品種的蘋果。公司的主要客戶是機構性的購買者，如醫院、學校等。公司設有兩個部門：生產部門和市場行銷部門。每個部門都由一名副總裁進行管理，並直接向公司總裁彙報。公司的財務副總裁負責公司所有財務領域的工作，包括歸集數據和編制預算。公司的總裁和三名副總裁構成了公司的行政主管委員會，對預算的編制過程實施全程監

督。

公司與當地的許多果農簽訂了長期的採購合約，如果當地蘋果的生產量低於預期值，公司則將在現貨市場上進一步採購；如果收穫的蘋果多於公司所能處理的數量時，多餘的蘋果也可以在現貨市場上售出。公司總裁和財務副總裁負責與當地果農簽訂長期採購合約以及在現貨市場上進行蘋果的購銷活動。

蘋果收穫以後，將被儲存在耐奇蘋果公司的冷庫中，或存放在其他公司的庫房中，直到耐奇公司將其用於生產。公司的生產工作從每年 10 月份開始到次年 6 月份，7、8、9 月份工廠關閉，因而公司的財務年為第一年的 10 月 1 號到來年的 9 月 30 號。

2. 編制預算過程

在耐奇蘋果公司，每年的預算從 8 月份開始進行下一年的預算，而下一個財務年是從 14 個月後開始的。在 8 月份，公司總裁和副總裁將對公司簽訂的長期契約的下一年的蘋果收穫情況進行預算，在接下來的 14 個月中，每 2 個月公司就要根據最新的消息，對市場行銷、生產以及蘋果採購的情況預算進行調整。並且總裁和三位副總裁還將舉行一次晨會，對這些調整進行集中討論。在每年的 6 月份，下一個財務年的預算終稿在通過行政主管委員會的討論會之後，將提交董事會進行審批。行政主管委員會還需要集中一次，對當年的經營狀況進行回顧，並將實際的經營情況與預算情況進行比較。

耐奇蘋果公司的預算過程中包括三個關鍵的構成部份，即蘋果的採購、銷售和生產。這三項要素必須在內部與採購的各品種蘋果的數量及生產銷售的各種產品的數量相一致。關於這三項要素的預算一旦確定下來，即可確定最終存貨的預算數，在已知生產預算的前提下，可以編制直接人工及製造費用的預算。而直接人工預算、製造費用預算和直接材料預算可決定銷售產品成本的預算。

3. 採購預算的確定

在表 3-5-1 中，反映了公司的生產預算，表中後兩欄是生產預算中相應數量的產品所耗用的麥克考斯蘋果和格蘭尼斯蘋果的數量。

表 3-5-1　耐奇蘋果公司財務年的生產預算表

名　稱	預算數(箱)	麥克考斯蘋果(磅)	格蘭尼斯蘋果(磅)
蘋果醬	130000	7800000	5200000
蘋果餅餡心	63000	3150000	1890000
總　計		10950000	7090000

在已知蘋果收穫的推算數及生產計劃的前提下，公司的行政主管委員會計劃再購入 50000 磅(1 磅＝0.4536 千克)麥克考斯蘋果，同時出售 910000 磅格蘭尼斯蘋果。預計蘋果的總成本為 6344200 美元，麥克考斯蘋果的平均成本為每千磅 380.32 美元，格蘭尼斯蘋果的平均成本為每千磅 311.28 美元，如表 3-5-2 所示。

表 3-5-2　耐奇蘋果公司財務年的蘋果採購預算表

項　目	數量(千磅)		售價(美元)		成本(萬美元)		總　計(萬美元)
	麥克考斯蘋果	格蘭尼斯蘋果	麥克考斯蘋果	格蘭尼斯蘋果	麥克考斯蘋果	格蘭尼斯蘋果	
長期採購合約	10900	8000	380	310	414.2	248	662.2
市場採購	50	(910)	450	300	2.25	(27.3)	(25.05)
總　計	10950	7090			416.45	220.7	637.15
耗費(磅)					10950	7090	
成　本(萬美元/千磅)					380.32	311.28	

註：帶括弧的部份為售出的蘋果數量。(910)表示對公司而言多餘的蘋果，需要投入市場賣出。

　　對照表 3-5-1 與表 3-5-2 可以看出，公司蘋果採購預算中的數據與計劃耗用每種蘋果的總數量(1095 萬磅麥克考斯蘋果和 709 萬磅格蘭尼斯蘋果)一致，這充分反映了預算工作的相互協調性。

心得欄

第 **4** 章

採購作業的數量確定

第一節　採購管理的原則

　　自古以來判斷採購上作的好壞，必須考慮購入品的品質、所提供的服務、必須支付的價格、合宜的交期。亦即，購入品的品質如果沒有滿足必要條件，則不論多好的服務、或怎麼低廉的價格，都沒有什麼用處。

一、確認並確保適當的品質

　　適當的品質是指符合所要求機能的品質而言，而不是以「好」,「壞」那麼簡單的表示即能決定者；亦即特定的材料或產品所具有的品質之總計或總稱，必須是能測定與規定者。

　　在採購上下判斷之際，應認識品質是「由決定最終產品的設計、品質及性能的人，或是使用的人來決定」的，採購人員有責任獲得適合此種條件的資源。

二、把握並確保適當的數量

適當的數量是指一次的採購，對買賣雙方而言是最經濟的訂購量及交貨量的情形。所謂經濟的訂購量，也是依材料的不同而有其一定的數值，就像依材料的不同而有其適當且經濟的一定品質一樣。

採購部門不可以按照訂購單所填的需要數量作為採購量的最終決定值。因為必須加入如下的許多因素之考慮後，再修正為最經濟的訂購量。

三、設定並確保適當的交期

所謂「適當的交期」，如果是一般的材料或市面出售品的話，是指業者的籌措期間與輸送期間；如果是委託製造品的話，則是指業者擬定製造計劃所需的寬裕期間、製造期間、輸送期間，加上採購部門選擇適當的供應廠商，以及為有利的採購進行的交易談判所需的期間。

四、決定並履行適當的價格

價格雖然必須合理的決定，但是社會的一般觀念是，買方希望儘量便宜，而賣方則希望儘量賣得高價。因此，必須設定適當的標準，準備豐富的數據，並致力於設定科學而妥當的單價。

採購人員必須以最終費用的低廉為目的，而不要只看目前的單價。過分重視價格，往往會對躍躍欲試的供應業者攻其弱點而殺價購買，有時會因供應情況惡化，而造成無法交貨的局面。

採購人員可以想想「價格只不過是採購時的訂購條件之一」，千萬不要成為只是「價格採購者」。

　　企業每次訂貨數量多少直接關係到採購成本的大小，因此，企業希望找到一個合適的訂貨數量使其採購總成本最小。經濟訂貨批量模型能滿足這一要求。經濟批量模型就是通過平衡採購進貨成本和保管倉儲成本，確定一個最佳訂貨數量，來實現最低總採購成本的方法。同時根據實際情況必須對該公式進行修正，這種修正的情況主要有數量折扣下的訂貨、延期訂貨、價格上漲和多品種等情況。

　　另外，如果採購的物料是以遞增的方式到達，或是自製，採購主管就必須確定其經濟生產量(EPQ)。

第二節　經濟訂貨批量的確定

　　經濟訂貨批量是通過經濟訂貨批量模型來確定的。經濟訂貨批量模型根據需要和訂貨、到貨間隔時間等條件是否處於確定狀態，可分為確定條件下的模型和概率統計條件下的模型。由於概率統計條件下的經濟訂貨批量模型較為複雜，這裏只探討確定條件下的經濟訂貨批量模型。

　　經濟訂貨批量模型涉及許多假定，如表 4-2-1 所示。

表 4-2-1　經濟訂貨批量模型的假定

· 能及時補充存貨，即在需要訂貨時能立即訂到所需物料，不存在短缺成本。
· 進貨時物料集中入庫，使用時物料均勻出庫。
· 需求量能夠預測確定。
· 在企業可以預見的時期內，物料單價不變，也不存在現金折扣情況。

物料的訂貨與使用循環發生，物料循環如圖 4-2-1 所示。其中一個循環始於收到 Q 單位的訂貨批量，隨著時間的推移以固定速度與生產提前期不變，訂貨就會在庫存持有量變為零時精確及時地收到。因此，訂貨時機的合理安排既避免了庫存過量又避免了缺料(即用光了庫存)。

圖 4-2-1　物料循環：庫存水準隨時間變動圖

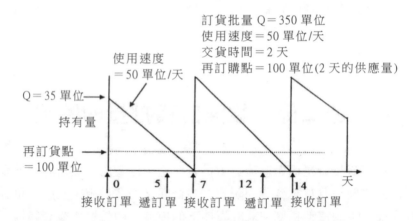

經濟訂貨批量反映了採購進貨成本與保管倉儲成本之間的平衡：當訂貨批量變化時，一種成本會上升同時另一種成本會下降。例如，假如訂貨批量比較小，平均庫存就會比較低，持有成本也相應較低。但是，小訂貨批量必然導致經常性的訂貨，而這樣又迫使年持有成本上升。相反，偶爾發生的大量訂貨使年訂貨成本縮減，但也會導致較高的平均庫存水準，從而使持有成本上升。這兩個極端如圖 4-2-2 所示。

圖 4-2-2 平均庫存水準與年訂貨數反向相關：

一個升高則另一個降低

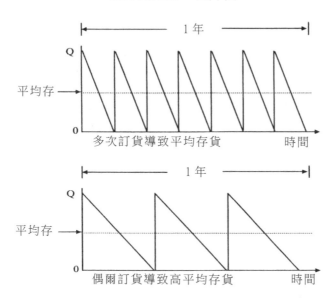

因此,理想的解決方案是,訂貨批量既不能特別少次大量又不能特別多次少量,只能介於兩者之間。具體訂貨批量取決於採購進貨成本與保管倉儲成本的相對數量。

在需要率是已知的和連續的、訂貨到貨間隔時間是已知的和固定的、且不發生缺貨現象的條件下,設定 TC 代表每年的總庫存成本,PC代表每年的採購進貨成本(包括購置價格),HC 代表每年的保管倉儲成本,D 代表每年的需要量,P 代表物料的單位購買價格,Q 代表每次訂貨的數量,I 代表每次訂貨的成本,J 代表單位物料的保管倉儲成本,F 代表單位物料的保管倉儲成本與單位購買價格的比率。則企業每年的平均庫存量為 Q/2,每年的保管倉儲成本為(Q/2)×J,每年訂貨次數為 D/Q,每年訂貨成本為(D/Q)×I,每年的採購成本為 D×P+(D/Q)×I。企業每年總庫存成本(TC)為採購進貨成本(PC)和保管倉儲成本

(HC)之和。

🔊)) 第三節　數量折扣下訂貨數量的確定

　　現今供應商為了吸引企業一次採購更多的物料，往往規定對於購買數量達到或超過某一數量標準時給予價格上的優惠，這個事先規定的數量標準就是折扣點。在數量折扣的條件下，由於折扣之前的單位購買價格與折扣之後的單位購買價格不同，因此必須對經濟訂貨批量公式進行必要的修正。

　　在多個折扣點的情況下（如表 4-3-1 所示），依據確定條件下的經濟批量模型計算最佳訂貨量($Q*$)的步驟如下：

表 4-3-1　多重折扣價格

折扣點	$Q_0 = 0$	Q_1		Q_t		Q_n
折扣價格	P_0	P_1		P_t		P_n

　　⑴計算最後折扣區間（第 n 個折扣點）的經濟批量 Q_n^*，與第 n 個折扣點 Q_n 進行比較。

　　如果 $Q_n^* \geq Q_n$，則令最佳訂貨量 $Q* = Q_n$。否則轉向下一步驟。

　　⑵計算第 t 個折扣區間的經濟批量 Q_t。

　　如果 $Q_t \leq Q_t < Q_{t+1}$，則計算經濟批量 Q_t 和折扣點 Q_{t+1} 對應的總庫存成本 TC_t^* 和 TC_{t+1}^*，比較 TC_t^*、和 TC_{t+1}^* 的大小；

　　如果 $TC_t \geq TC_{t+1}^*$，則令 $Q* = Q_t$；

　　如果 $Q_t^* < Q_t$，則令 t = t+1，重覆步驟 2，直到 t = 0，其中 $Q_0 = 0$。

第四節　延期訂貨數量的確定

　　供應商對採購方不能總是有求必應。企業訂貨時，在供應商存貨不足發生缺貨的情況下，如果企業不轉向其他供應商購買或購買其替代產品而是延期訂貨的話，供應商為盡快滿足企業需要，加班生產產品，快速運送發貨。在這種情況下，對企業來說由於加班生產和加速發送而產生延期購買成本，需要對經濟訂貨批量模型進行必要的修正。

　　如圖 4-4-1 所示，設定 V 代表允許缺貨情況下的最大庫存水準，Q 代表每次的訂貨批量，t 代表訂貨間隔期，BC 代表延期購買成本，B 代表單位產品的延期購買成本，t_1 代表訂貨間隔期內的有關存貨的時間，t_2 代表訂貨間隔期內缺貨的時間。

圖 4-4-1　延期購買條件下的經濟訂貨批量模型示意圖

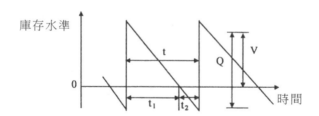

則 $t_1 = (V/Q) \times t$，$t_2 = [(Q-V)/Q] \times t$

在延期購買條件下的總庫存成本 TC 如下：

$$TC = PC + HC + BC = D \times P + (DIQ) \times / + (V/2) \times J \times (t_1/t)$$
$$+ [(Q-V)/2] \times B \times (t_2/t)$$
$$= D \times P + (D/Q) \times / + (V/2) \times J \times (V/Q) + [(Q-V)/2] \times B \times (Q-V/Q)$$
$$= D \times P + P \times I/Q + (V^2 \times J)/(2Q) + [(Q-V)2 \times B](2Q)$$

對上式求微分並令其為零，經整理後可獲得最佳訂貨量：

$$Q^* = \sqrt{(2D \times I)/J} \times \sqrt{(J+B)/B}$$

及最大庫存水準：

$$V^* = \sqrt{(2D \times I)/J} \times \sqrt{B/(J+B)}$$

由 $\sqrt{(J+B)/B} > 1$ 可知，經濟訂貨批量在延期購買條件要比正常條件大。當單位延期購買成本 B 不斷增加時，在延期購買條件下的經濟訂貨批量逐漸接近於正常條件下的經濟訂貨批量。

例 3：在上例中紅星公司發生延期購買的情況下，假定 A 零件的單位延期購買成本為單位購買價格的一半。求在延期購買條件下的最佳訂貨量和容許缺貨情況下的最大庫存水準。

解：

最佳訂貨量
$$\begin{aligned}
Q^* &= \sqrt{(2D \times I)/J} \times \sqrt{(J+B)/B} \\
&= \sqrt{2 \times 10000 \times 100/8} \times \sqrt{(8+0.5 \times 16)/(0.5 \times 16)} \\
&= 500 \times 1.414 = 707 \text{（個）}
\end{aligned}$$

最大庫存水準
$$\begin{aligned}
V^* &= \sqrt{(2D \times I)/J} \times \sqrt{B/(J+B)} \\
&= \sqrt{2 \times 10000 \times 100/8} \times \sqrt{(0.5 \times 16)/(8+0.5 \times 16)} \\
&= 500 \times 0.707 = 353 \text{（個）}
\end{aligned}$$

🔊))) 第五節　價格上漲訂貨數量的確定

　　如果企業已知採購價格在將來某一時間會上漲時，那麼就面臨一個應在價格上漲之前，購買多少數量以使得總庫存成本最少的決策問題。在價格上漲條件下，需要對經濟訂貨批量模型進行必要的修正。如圖 4-5-1 所示：

圖 4-5-1　價格上漲條件下的經濟訂貨批量模型示意圖

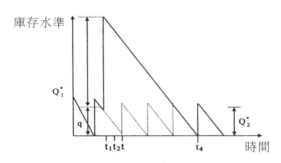

　　Q^*_1為價格上漲之前的經濟訂貨批量，Q^*_2為價格上漲之後的經濟訂貨批量；

　　q 為漲價之前最後一次訂貨到貨時點的原有庫存量；

　　Q 為對應漲價因素，在漲價之前的特別訂貨數量；

　　P_1為漲價之前的價格，P_2為漲價之後的價格；

　　t_1為漲價前的訂貨時間，t_2為漲價點時間；

　　t_3為在不發生特別訂貨的情況下，漲價後的第一次訂貨的時間；

　　t_4為漲價後第一次訂貨的時間。

　　在漲價前再購入 Q 單位的物料，則 t_1 與 t_4 的總庫存成本 TC_1 為：

$$TC_1 = Q \times P_1(購買成本) + [(Q+q)/2] \times J \times (t_4-t_1)$$

$$(t_1 與 t_4 之間的持有成本) + I(訂貨成本)$$

$$= Q \times P_1 + [(Q+q)/2] \times J \times [(Q+q)/D] + I$$

假設在漲價之前不發生特別訂貨 Q，而是按正常情況進行訂貨補充，則時間段 t_1 與 t_4 之間的總庫存成本 TC_2 為：

$$TC_2 = Q \times P_2 + (q/2) \times J \times (t_3-t_1)(t_1 與 t_3 之間的持有成本)$$

$$+ (Q^*_2/2) \times J \times (t_4-t_3)(t_3 與 t_4 之間的持有成本)$$

$$+ (Q/Q^*_2) \times I(訂貨成本)$$

$$= Q \times P_2 + (q/2) \times J \times (q/D) + (Q^*_2/2) \times J \times (Q/D) + (Q/Q^*_2) \times I$$

這樣由於漲價之前 Q 單位的特別訂貨而節約的庫存總成本為 $(TC_2 - TC_1)$，對 $(TC_2 - TC_1)$ 求微分並令其為零，則可求得最佳特別訂貨批量 Q^*。

例：A 零件的供應商 9 月 1 日向甲公司通告 A 零件的價格將在 10 天后(9 月 11 日)上漲至 17 元，此時企業尚有 A 零件 250 個庫存。假設交貨週期是 5 天，A 零件每年的保管倉儲成本是其單位價格的一半，問甲公司應該在何時發出訂單？最佳特別訂貨量是多少？

解：

漲價後的經濟訂貨批量 $\quad Q_2^* = \sqrt{(2D \times 1)/(P_2 \times F)}$

$$= \sqrt{2 \times 10000 \times 100/(17 \times 0.5)}$$

$$= 485(個)$$

當前庫存零件可支援的天數 $M = (250/10000) \times 365$

$$= 9.125(天)$$

也就是說，庫存零件只能用到 9 月 9 日，因此應在庫存全部使用完之前 5 天(9 月 5 日)發出訂單，這時 q 值等於零。

最佳特別訂貨量 $Q^* = D \times (P_2-P_1)/(P_1 \times F) + P_2/P_1 \times Q_2^* - q$

$$= 10000 \times (17-16)/(16 \times 0.5) + 17/16 \times 485 - 0$$

$$= 1250 + 515.3 = 1765.3(個)$$

第六節　多品種訂貨數量的確定

實際上物料庫存品種的數目是相當多的，一般是多品種聯合訂貨，下面就介紹多品種訂貨的經濟批量模型。

假定在不發生缺貨現象且需要是均勻出現的情況下，幾個品種的庫存系統的總庫存成本 TC 為：

$$TC = \sum_{j=1}^{n} \left[I_j \times (D_j/D_j) + (P_j \times J_j) \times (Q_j/2) \right] + \sum_{j=1}^{n} (P_j \times$$

其中 I_j 代表第 j 個品種的訂貨成本，D_j 代表第 j 個品種的需要量；P_j 代表第 j 個品種的單位價格，J_j 代表第 j 個品種的保管成本，Q_j 代表第 j 個品種的訂貨批量。

在總庫存成本最小的前提下，各個品種的經濟批量 Q^*_j（j＝1，2，…n）的計算如下：

按各個品種進行求微分並令其為零，求解得：

$$Q^*_j = \sqrt{2 I_j \times D_j / P_j \times J_j} \ (j＝1，2，\cdots n)$$

考慮到各種資源的制約是客觀存在的，需要對多品種經濟訂貨批量模型進行修正，下面以存在資金制約和倉庫容積制約的情況下，對多品種經濟訂貨批量模型進行修正。

設定 M 代表最大庫存資金佔有量，V 代表最大庫容，f_j 代表 j 個品種的單位體積。

則有：

$$\sum_{j=1}^{n} (P_j \times Q_j) \leqslant M \qquad\qquad \sum_{j=1}^{n} (f_j \times Q_j) \leqslant V$$

這樣在上述兩個制約條件下求年總庫存成本最小。設定函數 L 如下式所示：

$$L = \sum_{j=1}^{n} [I_j \times (D_j/Q_j) + (Q_j \times J_j) \times (Q_j/2)] +$$

$$\mu_1 [\sum_{j=1}^{n} (P_j \times Q_j) - M] + \mu_2 [\sum_{j=1}^{n} (f_j \times Q_j) - V]$$

其中 μ_1 和 μ_2 是未知常數。

對上進行求微分並令其為零，求得：

$$Q^*_j = \sqrt{(2I_j \times D_j)/[(P_j \times J_j) + 2\mu_1 \times P_j + \mu_2 \times f_j]]} \quad (j = 1, 2, \cdots n)$$

$$\sum_{j=1}^{n} (P_j \times Q^*_j) \leqslant M$$

$$\sum_{j=1}^{n} (f_j \times Q^*_j) \leqslant V$$

這樣，如果已知 μ_1 和 μ_2 的數值，則可求得在資金制約和倉庫容積制約條件下各個品種的經濟批量數值 Q^*_j。

第 **5** 章

採購作業的價格確定

第一節　採購價格的選擇步驟

1. 詢價

詢價是指在業務來往中，買方或賣方就所要購買或出售的商品向對方詢問交易條件的行為，一般由買方提出，廣義的詢價是指獲得準確的價格信息，以便在報價過程中對工程材料(設備)及時、正確地定價，從而保證準確控制投資額，節省投資，降低成本。

詢價時應該能盡可能多地提供預購產品的信息，如預購數量等。狹義的詢價特指一種政府採購手段，即詢價採購，是指詢價小組根據採購人需求，從符合相應資格條件的供應商中確定不少於三家的供應商並向其發出詢價單讓其報價，由供應商一次報出不得更改的報價，然後詢價小組在報價的基礎上進行比較，並確定成交供應商的一種採購方式。

2. 報價

報價分為產品報價、投標報價。本書中主要指產品報價。投標報

價是商家競投某項目時願意出的價格。產品報價是指賣方透過考慮自己產品的成本、利潤、市場競爭力等因素，公開報出的可行的價格。投標報價是直接影響投標單位的投標成敗和工程利潤的關鍵，報價過高和過低均存在利與弊，應著重圍繞利潤展開。

3.議價

議價是處於報價和市價中間的一種價格形式。經營者可隨供求的變化及時調整價格，不必虧損經營；它不像市價那樣完全由經營者決定，仍不同程度地受到干預，例如規定議價水準要略低於市價並要按一定的作價原則定價等。

4.定價

通常採購的基本要求是：品質第一，服務第二，價格列為最後。因此，採購價格以能達到適當為最高要求。在維持買賣雙方利益的良好的關係下，使原料供應持續不斷，這才是採購人員的主要責任。定價通常需經過下述過程。

第二節　採購物品的成本分析

物品成本是價格的基礎，是價格的下限。採購人員若想要確定採購價格，就必須先分析物品成本。物品成本分析是指就供應商所提供的物品成本數據，逐項審查及評估，以求證物品成本的合理性與適當性。

一、物品成本分析的內容

物品成本分析的內容包括下列項目：

⑴工程或製造的方法；

⑵所需的特殊工具、設備；

⑶直接及間接材料成本；

⑷直接及間接人工成本；

⑸製造費用或外包費用；

⑹行銷、管理費用及稅收、利潤。

換句話說，物品成本分析也就是查證上述各項數據的虛實，這包含了兩項工作：

⑴會計查核工作。必要時，可查核供應商的賬簿和記錄，以驗證所提供的物品成本數據的真實性。

⑵技術分析。對供應商提出的物品成本資料，就技術觀點作「質」的評估，包括製造技術、品質保證、工廠佈置、生產效率等，此時採購部門需要技術人員的協助。

二、物品成本分析的動因

企業對物品成本進行分析時，通常應用在以下幾個方面：

⑴物品底價製作困難；

⑵無法確定供應商的物品報價是否合理；

⑶物品採購金額巨大，成本分析有助於將來的議價工作；

⑷運用成本分析表，可以提高議價的效率。

三、物品成本分析資料的獲取

物品成本數據是由供應商掌握管理，企業採購部門無法揣摩編寫，只有依賴供應商自行提供。但是成本分析所使用的報表，則有兩種方式：

⑴由各報價供應商自行提供；

⑵由採購部門事先編制固定的報價單或成本分析表，提供給所有供應商統一填報。

採用第一種提供的方式時，因為各個供應商之間報價的內容或成本分析的項目，很難獲得一致，會增加採購人員用它來議價、比價工作的困難，甚至有些供應商可能避重就輕，因陋就簡，這種草率的成本分析表所提供的作用就相當有限。反之，第二種固定的成本分析表，對提高議價、比價的效率將有很大的貢獻。

總之，成本分析應包括所有各項成本細目，並且認定各細目數字是否合理，以及製造費用的分攤是否適當。最好的成本分析方式，是採購部門委託工程部門編制一份詳細的成本估計，用之與供應商所提的成本資料逐一相互核對，如不一致或不完全，須以供應商所提供的數據為依據，以提高議價效果。

四、學習曲線

人們發現每件產品的成本隨著經驗以一固定的百分比下降。這種單位產品的成本的下降跟規模效應無關，起因只能歸結為學習效應。學習效應一般起因於以下因素：

⑴隨著一特定產品的生產經驗的增長，監督減少。

⑵通過生產過程的流水化，使效率得到提高而增加利潤。

⑶在生產過程中，缺陷和產品報廢率減少。

⑷(通常)批量規模增加，這意味著花費在重新調整機器上的時間的減少。

⑸生產設備的(隨後)改進。

⑹過程控制得到改進：由於緊急措施的採用而減少的時間損失。

⑺工程設計變動減少(開始要求處理一些不可預見的製造問題)。

學習曲線的基本原理是：每次當一個特定產品的累計生產量翻倍時，生產該產品所要求的平均時間大約為開頭所要求的時間的 X%，一個曲率為 80%的學習曲線意味著如果生產的產品的累計量翻倍時，生產一個單位的產品所要求的時間只需要原始時間的 80%（見表 5-2-1）。

表 5-2-1　學習效應導致成本價格的減少(例子)

累計生產量(件)	單件產品所要求的時間(小時)
1000	20
2000	16
4000	12.8
8000	10.24
16000	8.2

這些數據也可以用圖形的方式來表示：在普通的方格紙上描繪成一曲線圖，見圖 5-2-1。而在對數字上生成的則是一直線圖，見圖 5-2-2。

圖 5-2-1　普通表格上生成的 80%學習曲線示意圖

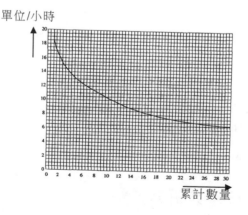

圖 5-2-2 對數字上生成的學習曲線示意圖

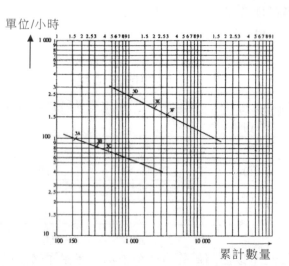

單位/小時

累計數量

通過這種知識對企業採購人員進行成本分析是相當重要的。通過預計供應商的學習曲線，採購者能用此知識來與供應商協商未來的價格調整問題。學習曲線在以下情況中特別適用：

⑴當涉及到由供應商按照顧客的規格進行專門的部件生產時。

⑵當涉及到的金額巨大時（以至於導致必須應用一些尚處於開發中的技術，以使成本能得以回收）。

⑶當購買者由於某種原因不能得到具有競爭性的報價時。例如，必須做出一個在模具和特殊生產刀具方面相當可觀的投資時。這使得購買者只能獲得單一的採購來源。

⑷當直接人工成本構成了產品的重要成本部份時。

五、物品成本分析的要點

一般企業的採購對象——物品，大致可分為下列四個層次：

⑴原材料、素材料類：如鋼板、鋁錠、原油……

⑵委託加工定制品類：如衝壓件、鑄金類、切削件、印刷基板……此為企業自身設計的，無法與其他企業共用。

⑶規格品零件類：如螺絲、墊圈、電阻……

⑷專業(規格品、專利品)組件類：如馬達、變壓器、半導體……針對四個不同層次的採購對象，可運用以下分析來降低成本：

1. 原材料素材成本分析要點

原材料的價格結構分析，依此結構表可採用下列重點步驟檢查其降低採購成本的可能：

圖 5-2-3　原材料價格結構示意圖

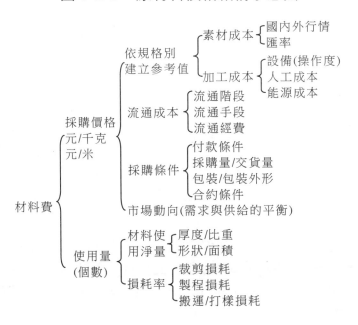

⑴確認設計說明書是否有超過規格的設計。分析使用材料的材質、等級、規格、形狀、面積、厚度、零件項數、比重、尺寸、品質等級、公差……重新確認是否可能使用其他材料。

⑵分析材料形態、素材形狀要素等。材料使用總成本為材料單價與實際耗用量的乘積，所以須再分析材料的切削損耗、材料形態，以期減少使用材料的損耗量。分析材料價格要素，可以生產經濟批量、製造過程、取料方式、公司付款方式、公司訂購量等為重點。

⑶計算各種方案的使用材料成本。

⑷對各個方案材料費的分析與改善方案的審核。

⑸實施與追蹤跟催。

2.委託加工製品成本分析要點

企業為委託加工製品，它的價格結構表，可依照下列步驟逐一與供應商檢討，協助供應商降低製造成本，在保障供應商既有的利潤下，達到降低採購成本的目的。

圖 5-2-4　委託加工製品價格結構圖

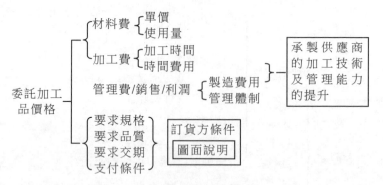

⑴分析本身設計圖面、說明書是否在設計時即已充分認識各層次的加工工程，並避免加工浪費(例如，已考慮不良率的發生、加工程序的簡化、加工速度、特殊工程……)，以核對修正圖面及加工說明書，來降低成本。

⑵分析加工方法、加工技術。同一零件會因加工方法及加工技術安排不同，導致成本的差異。

⑶設定最適當的作業條件。

⑷設定最適當的動作條件。

⑸設定加工工時。

⑹選定最適當的使用機械方法。

⑺設定技術的時間費用率。

⑻計算各方案的加工成本及評價實施。

其中模具或專用機具、專用治具、製造零件所必要的專用設備，宜作為專用費或單獨費用另行計算。

3.零件類採購成本分析要點

圖 5-2-5 為市面上有售的、統一規格的零件類價格結構表，對此類採購品可使用下列步驟，降低採購成本。

圖 5-2-5　零件類的價格結構示意圖

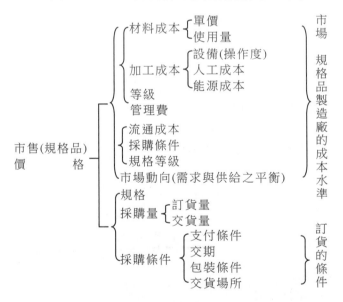

⑴做替代品的市場調查與評價分析，針對設計說明書所需的規格，尋找市場價格較便宜的替代品。

⑵積極利用市場情報、市場規格品開發動向，同行競爭者的採購

情報、新製品、新技術的最新情報收集。

⑶使組成總成件的各元件、半元件及零件的規格標準化。

⑷找出能符合各種採購條件組合的最適當銷售的規格品,而選取其中最低採購成本者。

⑸實施並追蹤。

4.專業元件類成本分析要點

圖 5-2-6 為專業元件類價格構成表,可依下列步驟進行成本降低:

⑴把專業規格組裝品及專利品等以機能與構造兩項和替代品做橫斷面的比較。

⑵專業製造廠商的共同特徵是:具有高度專業開發力及技術力,但對降低成本的能力比較低,所以採購方應有驅使製造商降低成本的技術能力,協助其降低製造成本,以間接幫助本身降低採購成本。

⑶將降低成本的主題放在專業廠商的流通、原材料、零件、托外加工品途徑的明確化及成本最低化上。

⑷專業元件廠商,有的將主要力量投入在開發技術部門,而其公司內部不一定具備製造職能,完全依賴托外加工。故可展開與其緊密的合作,提高其托外的製造技術水準,以降低成本。

圖 5-2-6　專業元件類(規格品、專利品)的價格構成示意圖

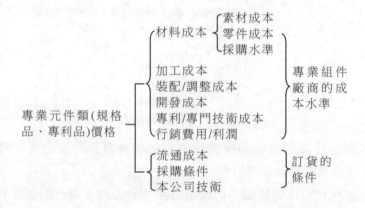

第三節　物品價格分析

一、物品價格分析的作用

　　物品成本分析為將來的議價提供參考價值，也就是可獲得一個合理的價格參考依據，它可以解決「量」的問題。至於「質」的問題，也就是各供應商報價單位的內容，企業採購人員必須先加以分析、比較、計算，才能獲得合理採購價格的基礎。

　　物品價格分析的作用如下：

　　⑴事先檢查報價內容有無錯誤，避免造成將來交貨的糾紛，確保供應商所附帶的任何條件，均為企業所接受。

　　⑵將不同的報價格式、條件加以統一，以利於將來的議價、比價工作，也不至於發生「拿蘋果和橘子比」的謬誤。

　　⑶培養採購人員成本分析能力，避免按照「總價」來談判價格的缺失。

　　採購部門審議物品價格是否公平合理時，必須先瞭解價格的形成情況。如果價格是經過競爭而形成的，則表示該物品已由市場確定了價值。換句話來說，此項由競爭形成的價格，為該物品的公平合理的價格。但在沒有競爭的情況下，或是在競爭不充分、或採購量相當龐大時，採購部門則應進行價格審議，必要時作成本分析。

　　通常情況下，企業通過價格審議，便可以對供應商的價格作一適當的判斷，而不一定要運用成本分析技術。當然，如果進行成本分析，同樣能夠分析價值是否公平合理，而達到價格審議的效果。

　　價格的審議，在本質上是一種數據比較的程序。因此必須注意：既然是數據的比較，則所用的數據應該是「可以互相比較的數據」，否

則便有「蘋果與橘子互相比較」的危險。

舉例來說，如果兩家供應商的價格，是各自以不同的技術條件或付款條件為基礎，他們的價格便是「不能互相比較的數據」。此外在調閱過去同類採購案以供比較時，不同時期的採購案，許多因素均可能大有差異。例如，採購物品的規格、數量、交貨時程、買方自備的材料、作業效率的改進、以及前後時期的一般經濟形勢等，都會對價格產生重大的影響，亦可能造成不能相互比較的數據。

在這種情況下，採購部門可以將價格數據作適當的數字調整，以使價格能由「不可比較」而變為「可以比較」。

二、最低價格分析法

最低價格分析法是指對供應商的產品報價進行比較，在產品功能、技術條件均滿足採購方需要的情況下，分析產品最低價格。

⑴分析低價格的原因

不同的供應商會報不同的價格，有的報價高，有的報價低，對於低的報價，需進行檢查分析，確保其正常合理。一般來說，供應商採取低價格的原因如下。

①供應商為了得到新客戶或進入新市場而採取低價策略。

②供應商工作量不足，其報價只包括直接勞動力和原材料的成本。

③供應商內部工作的失誤或無能力而產生的低報價。

④供應商採取低報價、高索賠的辦法來進行報價。

⑵最低價格法的分析步驟

企業採用最低價格法分析出合理的採購供應商報價，需按照步驟來進行，具體的步驟如表所示。

表 5-3-1　最低價格法分析的實施步驟

步驟	工作內容
接受供應商報價	· 供應商根據採購方提出的要求，報出自己的報價 · 採購方對供應商報價進行匯總
報價的統一	· 以貨幣單位為統一尺度，分別計算出各供應商的報價並予以加總 · 在計算報價的過程中，如果遇到需要多年安排支出的項目，也要用貼現法折算出現值，以保證報價的可比性
供應商的篩選	對供應商的產品功能和技術條件進行評估，篩選出符合採購條件的供瘦商
報價的排序	按照報價的高低排出順序，以便篩選出報價最低的供應商
價格的確定	根據供應商報價，剔除明顯不合理的報價，選出最低報價作為最低價格

三、物品價格的種類

物品價格可分為到廠價、出廠價、現金價、期票價、淨價、毛價、現貨價、合約價等。

1. 到廠價

到廠價是指，供應商的報價是負責將物品送達買方的工廠或指定地點，期間所發生的各項費用均由賣方承擔。以國際而言，即到岸價加上運費(包括在出口廠商所在地至港口的運費)和貨物抵達買方之前一切運輸保險費，其他有進口關稅、銀行費用、利息以及報關費等。這種到廠價通常由國內的代理商，加以報價(形同國內採購)，向外國原廠進口貨品後，售與買方，一切進口手續皆由賣方辦理。

2. 出廠價

出廠價指賣方的報價中不包括運送費用，即須由買方僱用運輸工

具,前往賣方的製造廠提貨。這種情形通常是因為買方擁有運輸工具
或賣方加計的運費偏高,或當處於賣方市場時,供應商不再提供免費
的運送服務。

3. 現金價

現金價指以現金或相等的方式支付貨款,但是「一手交錢,一手
交貨」的方式並不多見。在企業界的習慣,月初送貨、月中付款或月
底送貨、下月中付款,即視同現金交易,並不加計遲延付款的利息。
現金價可使賣方免除交易風險,買方享受現金折扣。例如,在美國交
易條件若為 2/10、n/30,即表示 10 天內付款可享受 2%的折扣,而且
30 天內必須付款。

4. 期票價

期票價指買方以期票或延期付款方式來採購物品。通常賣方會把
遲延付款期間的利息加在售價中。如果賣方希望取得現金週轉,會將
加計的利息超過銀行現行利率,以使買方捨期票價取現金價。另外,
從現金價加計利息變成期票價,有用貼現的方式計算價格。

5. 淨價

淨價指賣方實際收到的貨款,不再支付任何交易過程中的費用。
例如,在賣方的報價單條款中,通常會註明。

6. 毛價

毛價指賣方的報價可以因為某些因素加以折讓。例如,賣方會因
採購金額較大,而給予買方某一百分率的折扣。如採購冷氣機設備時,
賣方的報價已包含貨物稅,只要買方能提供工業用途的證明,即可減
免增值稅 50%。

7. 現貨價

現貨價指每次交易時,由供需雙方重新議定價格,若有簽訂買賣
合約,亦以完成交易後即告終止。在眾多的採購項目中,採用現貨交
易的方式最為普遍;買賣雙方按交易當時的行情進行,不必承擔預立

合約後價格可能發生的巨幅波動的風險或困擾。

8. 合約價

合約價指買賣雙方按照事先議定的價格進行交易，合約價格涵蓋的期間依契約而定，短的幾個月，長的一兩年。由於價格議定在先，經常會出現合約價與時價或現貨價的差異，使買賣時發生利害衝突。因此，合約價必須有客觀的計價方式或定期修訂，才能維持公平、長久的買賣關係。

9. 訂價

訂價指物品標示的價格。若商場的習慣是不二價，自然牌價就是實際出售的價格，但有些商場還保持「討價還價」的習慣。例如，某些老式的商場或一般藝品店等，常使不知內情的外地人吃虧上當。當然，使用牌價在某些行業卻有正當的理由。例如，鋼管、水泥、鋁錠等價格容易波動的物品，供應商經常提供一份牌價表給買方，表中價格均偏高且維持不變。當買方詢價時，賣方則以調整折扣率來反映時價，亦無需提供新的報價單給買方。所以牌價只是名目價格，而非真實價格。

10. 實價

實價指買方實際支付的價格。特別是賣方為實現促銷目的，經常提供各種優惠的條件給買方。例如，數量折扣、免息延期付款、免費運送與安裝等，這些優待都會使買方真實的總成本降低。

四、物品價格制定的方法

物品的交換價值以貨幣形式表現，即是價格。價格是價值的體現，一般來說，價值越高，價格也較高；反之亦然。但是「價值」是主觀的效用認定，相同的東西針對不同的人，在不同的時間或地點有著不同的效用，因此「價格」也就會因人、因時、因地而波動變化。就某

一種物品在一定時期來講，當供大於求時，價格就低於價值；當求大於供時，價格就高於價值。

1. 成本加成法

成本加成法是供應商以其提供的物品，所必須投入的成本總額（包括材料、器具損耗、人員製作或服務時間、運輸、管理費用及稅賦等），加計預期的利潤成數而制定。這種定價方式，俗稱為「交本求利」。但是賣方削價銷售時，它的價格可能只吸收一部份成本而非全部成本。

2. 市價法

市價法是指價格是以供需雙方的關係而訂定。當處於賣方市場時，價格趨高，供應商可能獲取暴利，只要「一個願打，一個願挨」，交易仍然順利完成。反之，當處於買方市場時，供應商也可能會「血本無歸」。由於供需變化無常，價格往往脫離成本基礎，甚至出現「一日三市」的現象。

以國際油價為例，雖然石油的成本沒有太大差異，但是在供不應求時，每桶原油的售價可高達 40 美元以上；供過於求時，亦可跌至每桶 10 美元以下。油價的起伏，完全視市場供需力量而定；石油輸出國家為求得自身之利益，有時根本不遵守協定（目標）價格，隨意就市場情況抬高或降低售價。

3. 投資報酬率法

投資報酬率法是指價格按投資額的預期報酬率，加計其他成本而訂。這是經營者理想的訂價方法，除非對銷售能作有效的管制，例如，壟斷行業或專利品，否則這種訂何時方法很難適應市場競爭。

以供電公司的電價來說，抬高電價的依據一向是看投資報酬率。若投資報酬率未達 9.5%，電價即漲；如果超過 12%，電價即跌。但是，迄今沒有投資報酬率超過 12%而降價的記錄。其實壟斷行業投資報酬率已與價格脫節，顯示這一訂價方法不合時宜，亟待檢討修正。目前，舉行價格聽證會，就是一個良好的改革開端。

五、折扣

折扣是物品價格分析中的重要因素。折扣可以分為兩類：第一類包括內部價格以及其他多種價格優惠。這一類折扣不完全受法律和商業上的保護；第二類包括日常的現金折扣、商業折扣和數量折扣。它們是完全合法的，也是公平的。以下介紹後一類折扣。

1. 現金折扣

實際的折扣條件雖然受貿易慣例的影響，並且在不同行業的企業有很大的區別，但是事實上幾乎每一家物品的供應商都提供現金折扣。現金折扣的目的是為了鼓勵企業儘快地支付貨款。

大部份供應商都希望企業獲得現金折扣。淨價通常固定在一個可以使供應商獲得合理利潤的價位，並且供應商希望大多數企業都按照這個價格付款。那些沒有在規定期限內付款的企業將受到「懲罰」，即支付全價。然而，現金折扣數量的變化，常常背離使用現金折扣的真正目的。在現實中，現金折扣常常被作為變動價格的另一種方法。如果一家企業得到了以前不經常能得到的現金折扣，那麼它會認定實際上物品是降價了，只不過供應商採用了不同的名稱罷了。另一方面，現金折扣數量的減少，實際上被看作是價格的上漲。

因此，現金折扣有時會帶來價格政策方面的難題。但如果現金折扣不是以相同的條件給予所有的企業，並且不是把延遲日期以及其他一些類似的做法應用於一些企業，而拒絕適用於其他的企業，那麼各企業的採購部門就會十分重視現金折扣的問題，並把這個問題交由合適的財務主管來處理。如果得不到現金折扣，企業通常會被認為是不負責的。因為現金折扣的取得，依賴於企業的財務策略，現金折扣是一種財務政策而不是採購政策。企業應該非常用心地保證其能夠獲得通常情況下供應商都給予的現金折扣。對於企業來說，他們的部份職

責是及時地檢查收貨過程是否存在不必要的時間浪費，各種文件是否都已經按照預期計劃進行了處理，從而確保能夠獲得現金折扣，就相當於獲得了大約 36%的年利率。如果企業不在 10 天的折扣期內付款，而是在第 30 天的時候付款，對於這部份貨款 20 天佔用的實際成本是 2%(即失去的折扣)，一年按 360 天計算，大約有 18 個 20 天，2%×18＝36%，這就是實際的年利率。

為了確定能夠取得現金折扣而必須付款的確切日期，並且避免供應商開出的不合要求的發票所造成的麻煩，一些企業在採購訂單中增加了一項條款，上面註明：「能夠獲取現金折扣的信用期間的計算，要從收到合格的物品或者收到正確開出的發票算起，如果這兩個日期不一致，則取較晚的一個日期。」

一些客戶即使過了折扣期限付款仍能夠取得現金折扣。企業的一部份職責是保證其真正履行合約的條款。這就意味著企業要在其他職能領域進行一些協作工作來保證適時地付款。這一點對於合夥或者聯盟企業是尤為重要的。

2.商業折扣

商業折扣是製造商提供給那些作為特殊分銷商或者用戶的採購者的折扣。一般情況下，製造商給分銷商提供商業折扣，結果會使企業從分銷商處進貨比從製造商處直接採購的成本還要低。製造商通常會依賴分銷商來銷售他們的商品。為了保證商品在選定的管道中正常流通，分銷商會得到接近於其正常營業成本的商業折扣。然而，商業折扣並不是總能夠得到合理的運用。一些沒有資格的分銷商有時得到了商業折扣這種保護，而他們提供給製造商或者假定的客戶的服務與其得到的商業折扣是不相稱的，即他們得到的折扣過多了。一般來講，經營規模較小，但是從單一貨源獲得多種商品或者頻繁且迅速進行分銷的分銷商，更容易從批發商或者其他的分銷商處得到具有商業折扣的供貨。對於大批量的銷售，製造商自己會直接進行，當然他們也可

能把那些同一地區批量較小的業務留給批發商。有些製造商對於約定購貨量在最小標準以下的定貨是拒絕進行交易的。

那些購買配件(對於已經銷售出的零件的更換)的企業，經常能夠得到商業折扣。供應商把希望購買配件的企業分成幾個價格級別：

①初始設備製造商級別；

②分銷商級別；

③獨立的維修商級別。

配件的供應商經常要進行特殊的包裝、零件的統計或者儲存，因此應該得到特殊的價格表。企業需要瞭解供應商使用的價格級別和如何達到一個特殊級別。

3. 複合折扣

在一些行業中，價格是根據複合折扣給出的。例如：10、10 和 10 表示對於一個 100 元的項目，企業實際支付的價格是 $100 元 - 100 元 \times 10\% - 10\% \times (100 元 - 100 元 \times 10\%) - 10\% \times [(100 元 - 100 元 \times 10\%) - 10\% \times (100 元 - 100 元 \times 10\%)] = 100 元 - 10 元 - 9 元 - 8.10 元 = 72.90 元$。因此，10、10 和 10 等於 0.271 的折扣。如果想要瞭解最常見的複合折扣和他們相應的折扣比率，可以查閱有關表格，這種表格已將上述折扣及比率一一列出。

4. 數量折扣

數量折扣是在購買特定數量商品的情況下獲得，並且與所購買的數量大致成比例關係。從供應商的觀點來看，提供數量折扣的合理性在於，企業採購的數量導致了供應商成本的節約，這就使為其帶來成本節約的採購企業能夠獲得較低的價格。這種成本節約可以分為兩類：第一類，市場行銷或者分銷費用的節約；第二類，生產費用的節約。

企業就應該在任何可能的情況下儘量爭取這樣的折扣。一般來說，數量折扣來自於供應商之間相互競爭的壓力。此外，關於這樣的

折扣是否是一種權利的爭論可能會被提出。企業是在購買貨物或者商品，而不是要自行裝箱、包裝貨物，或者運輸。供應商應該從製造和銷售所加工的商品的過程中、而不是從提供那些完全輔助性的服務過程中獲得利潤。這些輔助性的服務是必須的、也應該得到相應的報酬，並且由企業來為這些服務支付報酬是正常的。但是企業不應付出比這些輔助性的服務實際成本更高的代價。

為了證明現金折扣的合理性，供應商通常提供的理由是：「現金折扣通過形成足以降低間接費用的大批量業務而降低了生產成本」。這是不充分的，還有必要提供一些更為謹慎的理由。對於一些行業，產量越大，單位產品的間接生產費用就越低。沒有大批量定貨的客戶，生產的平均成本一般都比較高。然而，小批量客戶的定貨在供應商的業務總量中可能比大批量客戶的定貨佔有更大的比例。因此，就提供降低生產成本所必需的產量而言，小批量客戶可能比大批量客戶對供應商做出的貢獻更大。

另一種觀點認為，大客戶的定貨常在季初進行或者在該季貨物實際生產前進行，因為他們的這種定貨方式給製造商的生產帶來了方便，因此他們應該得到更多的折扣。這樣的企業可能比那些等到一個季較晚時候才定貨的企業獲得更低的價格。但是，這樣的折扣稱作數量折扣是不恰當的，它實際上是一種時間折扣，因為這種折扣是由於較早的定貨而獲得，而與定貨量無關。

5. 累積(數量)折扣

另一種類型的數量折扣是累積折扣，它根據所購買的商品數量而成比例地變化。但是，這裏所說的定貨數量不是根據某一次的採購量確定，而是根據某一時期的總的採購數量來確定。這種折扣常常用來刺激客戶的長期惠顧。通過提供累積數量折扣，供應商希望促使企業只從單一的貨源定貨，而不是從許多貨源定貨，這能給提供折扣的企業帶來好處。一般而言，企業不應該從多個貨源地定貨，因為把定貨

分散到多個貨源是不經濟的。在這種情況下，供應商一般不願意把這些企業同那些佔公司業務量較大比率的企業等同視之。

累積折扣的應用，像其他的數量折扣一樣必須符合一定的法律法規（如傾銷法）所規定的成本合理規則。但是，只要企業不是故意接受或者導致歧視性的數量折扣，則證明交易行為正當的責任完全由供應商來承擔。

六、物品價格的計算

物品價格的計算方式，通常有下列四種：

1. 合理的計算方式

對於構成物品價格的各種因素，進行科學的分析，必要時採取改進措施。這種方法，可以合理的材料成本、人工成本及作業方法為其基礎，算出採購價格。

計算物品價格的公式如下所示：

$$P = M \cdot a + t \cdot (b+c) \cdot d + F$$

P：物品價格

M：材料的需要量（表示標準材料的尺寸、形狀、標準規格）

a：材料的單價

t：標準時間（主要作業時間＋準備時間）

b：單位時間的薪資率

c：單位時間的費用率

d：修正係數（例如，為了特急品而加班、連夜趕工及試製等）

F：採購對象的預期利潤

依此科學的方法計算，其依據十分明顯，所以與供應商交涉時，具有充分的說服力。但是，若供應商無法接受時，則應根據各項目的數據，逐一分析雙方的差距，並互相修正錯誤，以達成協定。

這種方法需要設定各項作業的標準時間，同時也必須算出薪資率及費用率。因此，應收集有關標準時間的數值資料以及有關薪資率及費用率調查資料，按各類別、規格予以分類，並加以統計。此外，對於修正係數及預期利潤，也應預先決定。

2.經驗的計算方式

有經驗的採購人員，可憑自己的判斷來算出合理的價格，所謂經驗的計算方式，就是一種靠直覺的計算方法。

3.比較前例的計算方式

利用曾被認為合理的同類產品的價格，加以比較分析並作出必要的修正措施，以決定價格的方式。此種方式，可依據過去累積的數值數據，使價格更加精確，但也可能深受以前價格的影響。

4.估計的計算方式

依據圖紙、設計書等，估計者可憑經驗及現有信息，估計材料費及加工時間，並乘上單位時間的薪資率之後，再加上費用率，即可決定價格。

此種方式，完全依賴估計者的技巧，且在進行評價時，應不斷地修正其差距，以獲得適當的價格。

5.成本加利潤的計算方式

物品價格＝成本＋合理利潤

成本＝本地製造器材成本＋進口器材成本＋工程設計成本
　　　＋安裝成本＋其他成本

本地製造器材成本＝直接原料成本＋直接人工成本
　　　　　　　　　＋間接製造成本＋管理成本

進口器材成本＝進口器材在國外港口船上交貨價格×匯率
　　　　　　　＋保險費及運雜費＋關稅

工程設計成本＝設計人工成本＋設計材料成本＋間接費用

安裝成本＝安裝人工成本＋安裝材料成本＋工具損耗成本＋間接費用

其他成本＝財務成本＋其他不屬於以上的各項成本

合理利潤＝本地製造器材成本×合理利潤率＋進口器材成本

　　　　　×合理利潤率＋工程設計成本×合理利潤率＋安裝成本

　　　　　×合理利潤率＋其他成本×合理利潤率

第四節　制定採購底價

一、採購底價的作用

採購底價是指企業採購物品時打算支付的最高價格。企業要先制定底價以作為決定採購價格的依據，可以獲得以下效益：

1. 控制預算

對採購項目制定底價，要依據行情資料，但也不能超過預算。由於採購項目通常在底價以下決定，預算自能得到控制。

2. 防止圍標

如果採購項目不制定底價，只以報價最低者即委以交貨或承包工程，報高價的結果，其損失將無法計算；而報低價的結果是，將使物品或工程品質降低，甚至延期交貨也難以避免。

3. 提高採購作業效率

有了底價，採購人員在詢價時就有所依據，心裏就有了底。只要是符合要求而在底價以下的最低報價，即為得標廠商，採購人員即可依靠有關手續簽約訂購；若無底價作為規範，則採購人員必須不斷議價，因此也就影響了訂約交貨的時效。

二、採購底價的制定

1. 底價制定影響因素

制定底價時，宜一併考慮下列情形，才能做到使底價合理且符合實際需要：

⑴廠商的合理利潤；

⑵參考過去採購案例，例如，該案例價格的合理性及不同履約時間、環境及條件所可能造成的價格差異；

⑶廠商應繳納稅收和其他費用；

⑷相關物價指數或匯率變動情形；

⑸廠商的履約風險；

⑹廠商應繳納保證金的成本；

⑺依法令規定其他處理事項的費用。

2. 採購底價制定步驟

⑴收集物資市場行情

收集物資市場行情有多種管道。企業可充分利用網路、電子信箱等現代化通信手段，及時獲得國內外各地區同行業物資的價格信息資料，並將其整理、存檔，隨時掌握採購物資市場行情；也可查閱相關報刊，收集物資價格信息；或通過電話、電傳、信函等多種形式，結合現場實地考察和調研，對可選擇的供方產品品質、企業資質、信譽、供應能力、售後服務和產品價格等進行調查，建立供方及價格信息檔案，以便及時掌握市場價格波動情況，為控制採購成本、擇優選定合格供方提供真實可靠的依據。

⑵制定採購標準

企業要詳細制定物資採購內控標準，內容包括：名稱、產品標準及編號、規格型號、等級、類別、檢驗規則、技術要求、品質控制類

上等於為談判畫定了一個框架或基準線，最終協議將在這個範圍內達成。例如，賣方報價某種品牌電腦每台 10000 元，那麼經過雙方磋商之後，最終成交價格一定不會超過 10000 元這個界限的。另一方面，先報價如果出乎對方的設想，往往會打亂對方的原有部署，甚至動搖對方原來的期望值，使其失去信心。

例如，賣方首先報價，某貨物 20000 元一噸，而買方心理卻只能承受 5000 元一噸，這與賣方報價相差甚遠，即使經過進一步磋商也很難達成協定，因此，只好改變原來部署，要麼提價，要麼告吹。總之，先報價在整個談判中都會持續地起作用，因此，先報價比後報價的影響要大得多。

先報價的弊端在於：一方面，對方聽了我方的報價後，可以對他們自己原有的想法進行最後的調整。由於我方的先報價，對方對我方的交易條件的起點有所瞭解，對就可以修改原先準備的報價，獲得本來得不到的好處。正如上面所舉的例子，賣方報價每台電腦 10000 元，而買方原來準備的報價可能為 12000 元。這種情況下，很顯然，在賣方報價以後，買方馬上就會修改其原來準備的報價條件，於是其報價肯定會低於 10000 元。那麼對於買方來講，後報價至少可以使他獲得 2000 元的好處。

另一方面，先報價後，我方在接下來的談判中就會被牽制，對方還會試圖在磋商過程中迫使我方按照他們的路子談下去。其最常用的做法是：不惜採取一切手段，激發一切積極因素，集中力量攻擊我方的報價，逼迫我方一步一步地降價，而並不透露他們自己肯出多高的價格。

可見，先報價確實有利也有弊。那麼什麼時候、什麼情況下先報價利大於弊呢？一般來說，要通過分析雙方談判實力的對比情況來決定何時先報價。

如果我方的談判實力強於對方，或者說與對方相比，在談判中處

於相對有利的地位，那麼我方先報價就是有利的。尤其是當對方對本次交易的行情不太熟悉的情況下，先報價的利更大。因為這樣可為談判先劃定一個基準線，同時，由於本方瞭解行情，還會適當掌握成交的條件，對我方無疑是利大於弊。

如果通過調查研究，估計到雙方談判實力相當，談判過程中一定會競爭得十分激烈，那麼，同樣應先報價，以便爭取更大的影響。

如果我方談判實力明顯弱於對手，特別是在缺乏談判經驗的情況下，應該讓對方先報價。因為這樣做可以通過對方的報價來觀察對方，同時也可以擴大自己的思路和視野，然後再確定應對對方的報價作那些相應的調整。

以上所述僅就一般情況而言何時先報價利大於弊。有些國際及國內業務的談判，誰先報價幾乎已有慣例可以遵循。例如貨物買賣來講，多半是由賣方首先報價，然後買方還價，經過幾輪磋商後再告成交。相反，由買方先出價的情況幾乎是不存在的。

3.報價應注意的問題

談判是利益競爭的場所，為了達到自己的利益，又必須向對方作出一定的讓步，所以談判既要講競爭又要講合作。抱住自己要價不鬆口，會導致交易無法達成；過分地退步，交易達成了，又會使自己的利益遭受損失。為了正確地處理好兩者的關係，一方面要注意防止保守，另一方面要注意避免激進。

⑴防止保守

沒有經驗的談判者往往只是想著，談判成了，自己會得到什麼利益；而一旦不成，自己又會失去什麼，而且過多地糾纏於後者。因此，在談判的時候，為了洽談的成功，要麼是一拍即合，輕易接受對方的報價；要麼是一味退縮，被對方步步緊逼，失去議價的空間，最終達成於己不利的協定。其實只要是走到了談判桌前，任何一方都是有所需求而來，談不成，兩方的損失比為了談成而作些稍微讓步要更大。

明白了這一點，就可以盡力爭取自己更大的利益，而不必一味擔心談不成會怎樣怎樣。為了防止保守帶來的兩種危險結果，在談判之前，一定要在底價的基礎之上，為自己確定一個較高的目標，然後努力實現。

⑵防止激進

進行談判之前，一定要設立一個較高的目標，但也不能無限地高，不能只考慮自己的利益，而置對方的利益於不顧。一開始就漫天要價，只能導致兩種情形：要麼對方認為你沒誠意棄你而去；要麼對方也坐地還價，雙方互不讓步，導致談判步履維艱，久拖難成，形成僵局。

第一種情況主要是對方還有其他潛在的合作夥伴或者對方不跟你談，也能通過別的地方來達成其目的和利益要求。尤其是在當今激烈競爭的商業社會裏，機會無處不在，從你那裏放棄的，別人說不定會給對手再次送上門。所以談判一定要有合作的誠意，給自己留餘地，也要顧及對方的利益。

至於第二種情況是對方避不開的，但是一旦作出微小的讓步，實際的代價又太大，令對方損失慘重。這時候，對方是寧可談不成，寧可拖，也不會作絲毫讓步。這時候，要價一方要麼自己退縮，要麼堅持自己已變得沒有實際意義的要價。

在談判時，一方面要力戒保守，另一方面又要防止激進。雙方分別報出了自己的價位之後，接下來的事，就是壓對方的價，保自己的價；而同時為了壓對方的價，又不得不作出一些讓步，對自己的要求、利益目標放鬆一些。談判雙方同時在做，這樣洽談也就進入了反覆磋商的階段。

⑶報價應該堅定、明確、完整，且不加任何解釋和說明

開盤價的報價要堅定、果斷，不保留任何餘地。這樣做能夠給對方留下「我方是認真而誠實」的印象。要記住，任何欲言又止、吞吞吐吐的行為，必然會導致對方的不良感覺，甚至會產生不信任感。

開盤報價要明確、清晰而完整,以便對方能夠準確地瞭解我方的期望。實踐證明,報價時含糊不清最容易使對方產生誤解,從而擾亂本方所定步驟,對己不利。

報價時不要對本方所報價格作過多的說明和辯解,因為對方對我方報價的水分多少都會提出質疑的。如果在對方還沒有提出問題之前,便主動加以解釋和說明,會提醒對方意識到我方最關心的問題,而這種問題有可能是對方尚未考慮過的問題。因此,有時過多地說明和解釋,會使對方從中找出破綻或突破口,猛烈地反擊,甚至會使我方十分難堪,毫無還擊之力,最終導致無法收場。

4.準確探知臨界價格

在談判中廠家想知道供應商的最低出讓價,供應商想知道廠家的最高接受價,以便判斷出一個雙方都能接受的臨界價格。所以要運用一些技巧從對方口中探聽出來。下面一些技巧能有效地幫助廠家準確地探知臨界價格:

(1)以假設試探。假設要購買更多或額外的東西,價格是否能降低一些。

(2)低姿態試探。廠家先告訴供應商自己顯然沒有那麼多錢來購買某些貴重的物品,但出於好奇想瞭解一下,這些物品現在的市場價是什麼樣的,沒有防備的供應商會毫無保留地說出來。供應商可能沒有想到廠家是真正存心要買這些物品的,不久就來議價了。

(3)派別人試探。先讓另一個廠家出低價來試探供應商的反應,然後廠家才出現。

(4)規模購買試探。對於只賣少量物品的供應商,廠家可以提議成批購買。供應商會認為太荒謬,而說出許多不該說的話,使廠家知道供應商真正願意接受的價格。

(5)低級購買試探。廠家先提出購買品質較差的物品,再設法以低價購買品質較好的物品。

(6)可憐試探。表現出對供應商的產品很感興趣，但資金有限買不起，看供應商能否出個最低價。

(7)威脅試探。告訴供應商，要賣自己只能出這個價，否則就算了。

(8)讓步試探。廠家提議以讓步來交換對方的讓步，然後再以此為起點繼續商談。

(9)合買試探。廠家先問供應商兩種物品合起來採購的話，價格是多少，再問其中一種多少錢，然後以這個差價為基礎確定另一種物品的價錢。

5.最後的出價

最後的出價就是要讓對方感覺到「接受這個價格，否則就算了」，這是一種談判策略。這種戰略在許多情況下都適用。但應注意，這種策略會引起對方的敵意，使對方無法保持面子而迫使對方陷入毫無選擇餘地的處境，等於剝奪了對方選擇的自由和自尊。

其實「最後的出價」這種議價方式，在我們生活中大量存在。例如，店鋪中的商品都是不二價，有的價錢確實公平，可是大部份的價格就像電話費一樣，由於規定而成了固定的價格。

在某些情況下，最後出價是相當有道理的：

(1)當不想和對方交易時；

(2)避免由於對某個顧客減價，而導致對所有的顧客減價；

(3)當對方無法負擔失去這項交易後的損失時；

(4)當所有的顧客都已習慣於付出這個價錢時；

(5)當已經將價格降到無法再降的時候。

假如廠家不得不採取這種策略，我們就要盡量設法降低對方的敵意。首先，你必須盡可能地委婉拒絕，因為不好的語氣會加深對方對你的敵意。當某個價格得到公平交易法、通行的價目表、或者商業慣例的支持，就比較容易被接受了。

同樣的道理，堅定不移的價格如果能配上委婉的解釋和令人信服

的證據，也能有效地降低敵意。若要消除對方的敵意，時間是很重要的因素，因為任何改變都需要一段適應的時間。

最後出價是談判中的一個正確而重要的策略。許多感到新奇的人反而會歡迎它，因為這樣可以省下不少討價還價的麻煩。

「最後的出價」能夠幫助也能損害議價的力量。假如一個人所說的話不被人相信，談判的優勢便被削弱了。選詞用句和伺機而行對於這個戰略的成功與否休戚相關。從對手的立場來說，瞭解這種戰略的微妙是必要的。如果不慎忽視了這些妙處，擬付出的賭注未免太大了，因為對方很可能只是虛張聲勢而已。

如果有人向你表示「最後的出價」，不要輕易地相信。必須先試探對方的決心。以下的建議將會幫助採購人員談判：

⑴仔細傾聽他所說的每句話，辨別他是否正在閃爍其詞；

⑵不要過分理會對方所說的話，要以你自己的方式去聽；

⑶替他留點面子，使他有機會收回決議；

⑷假如能達到你的目的，必要時，佯怒合嗔也是可行的辦法；

⑸讓他認識到，如此一來就做不成交易了；

⑹考慮是否要擺出退出談判的樣子，來試探對方的真意；

⑺試圖改變話題；

⑻建議新的解決辦法；

⑼假如，你認為對方將要採取「最後的出價」戰略時，不妨出些難題，先發制人。

二、基本的價格談判策略

採購人員只要掌握以下最基本最常見的談判策略，在談判中靈活地加以運用，同時，知道這些策略的種種手段和破解之道，定能取得談判的主動權，爭取到更多的利益。

1. 漫天要價

「漫天要價」策略是指供應商提出一個高於己方實際要求的洽談起點，來與對手討價還價，最後再作出適當的讓步，達成協議的洽談策略。

「漫天要價」策略的運用，能使自己處於有利的地位，有時甚至會收到意想不到的效果。一位美國商業談判專家曾和 2000 位主管人員做過許多試驗，結果發現這樣的規律：如果賣主出價較低，則往往能以較低的價格成交；如果賣主喊價較高，則往往也能以較高的價格成交；如果賣主喊價出人意料地高，只要能堅持到底，則在談判不致破裂的情況下，往往會有很好的收穫。

運用這種策略時，喊價要狠，讓步要慢。憑藉這種方法，談判者一開始便可削弱對方的信心，同時還能趁機考驗對方的實力並確定對方的立場。

「漫天要價」策略並不意味著可以隨心所欲漫無邊際地喊價。喊價應盡量合理，不要因太過輕率，而毀壞了整個交易。採用這一策略時，應依不同的談判對手和不同的洽談業務或產品而定。一般來說，對待不太精通該項談判業務或談判經驗不足的對手，對技術性較強、具有特色、處於賣方市場壟斷性較強的產品或業務，在談判時可運用這個策略。否則，如果談判對手經驗老到，談判的產品或業務不具有技術性或特殊性且賣方競爭激烈，則不宜採用此種策略。

那麼，作為廠家如何來破解這一策略呢？要注意以下幾點：

⑴要做好該項業務的調查研究，做到知己知彼；

⑵出價要經過深思熟慮；

⑶如有多個賣主，應貨比三家；

⑷確認對方在運用出高價時，可提前點破其計謀。

以上措施，只要運用得當，可以有效地遏制「漫天要價」的策略。作為買主就要記住：殺價要狠，抬價要少。

2.虛與委蛇

「虛與委蛇」指先提出一個低於己方實際要求的談判起點,以讓利方式來吸引對方,首先擊敗參與競爭的同類對手,然後再與被引誘上鉤的賣方進行真正的談判,迫使其讓步,達到自己的目的。

在談判過程中應根據具體情況看能否運用「虛與委蛇」策略。同時也要防止對手的這一策略。如果在談判的初始階段,對方接受或提出一些反乎常態的便宜要求,確認對方有「虛與委蛇」的嫌疑時,就要採取一些破解對策。一般來說,破解此策略的主要對策有:

⑴要求對方預付定金。

⑵在洽談未達成正式協議之前,不要拒絕其他談判方。

⑶要求速戰速決。

⑷先草簽協議,把實質性問題定好。

⑸如果對方執迷於實施「虛與委蛇」策略,則可提前點破它。

最重要的是,在談判時不要低估了對手,不要有輕易佔便宜的心理,要懂得佔小便宜有時會吃大虧的。

3.中途換人

「中途換人」策略是指在談判桌上的一方遇到關鍵性問題或與對方有無法解決的分歧時,藉口自己不能決定或其他理由,轉由他人再進行談判。這裏的「他人」可能是上級,也可能是同伴、合夥、委託人、親屬、朋友。

運用這種策略的目的在於:通過談判主體,偵探對手的虛實,耗費對手的精力,削弱對手的議價能力;為自己留有迴旋餘地,進退有序,從而掌握談判的主動權。使用這種走馬換將策略時,作為談判的對方,需要不斷面對新的談判對手,陳述情況,闡明觀點,重新開始談判。這樣會付出加倍的精力、體力和投資,時間一長,難免出現漏洞和差錯。這正是運用「中途換人」策略一方所期望的。

「中途換人」策略的另外一個特點是能夠補救己方的失誤。主談

人可能會有一些遺漏和失誤，或談判效果不如人意，則可由更換的主談人來補救。並且順勢抓住對方的漏洞發起進攻，最終獲得更好的談判效果。

在業務談判中，如遇到這種情況，需冷靜處理，並採取一定的應付措施，有時也能變不利為有利。一般來說，破解「中途換人」策略的方法主要有：

⑴以其人之道，還治其人之身。即以相同的策略攻擊對方，同樣也引出己方的相關人員與對方週旋。

⑵相機行事，不要對更換的主談人員完全重覆你的觀點及介紹相關事宜，因為對方前主談人員一定把情況都已轉告於他。所以你只要靜靜地坐在談判桌前，傾聽對方如何發話。

⑶如果新的談判對手全然否認已達成的協定，你也可以借此否認原來所作的所有許諾。

⑷以隨時準備退出商談作為要脅；或向對方上級提出抗議，指責對方缺乏誠意。

⑸談判過程中保持高度警惕，防止對方走馬換將，不要太早或太快地作出承諾。

⑹給更換的談判對手出難題，迫使其自動退出。

4.步步逼近

「步步逼近」策略在談判中運用得相當普遍，效果也很明顯，特別是在一些馬拉松式的談判中，通過種種理由或藉口不斷地與對方討價還價，步步逼進，會收到意想不到的效果。在談判結束達成協議時，再回過頭來看，就會發現其條件比以前優惠很多。

在許多談判中，往往不會很快就達成協議。在談判開始之時，買賣雙方均會準備多種方案，但這些方案的轉變或讓步是在對方施加壓力的條件下才釋放出來的。雙方談判時都有一個談判協定區間，在這區間裏各部份內容都會有水分。即是說對方對你的各種要求均可作出

讓步，但讓步的幅度會越來越小。如同擠牙膏一樣，不擠不出來，越擠越難。

該項策略更適合於下列談判：

⑴不十分熟悉的業務談判。此時可不斷地提出新條件試探對方，從不熟悉到熟悉。

⑵長時間馬拉松式的談判。此時有足夠的時間與機會跟對手討價還價，以求得到利益的最大化。

⑶多項目談判。此時可在各項目條件下提出要求，爭取問題的多方面解決。

⑷長期合作方的談判。此時由於合作時間長，對該項業務內容應知之甚多，所以可提出一些更實際的要求；多一次合作，就可多一份要求，迫使對方不斷作出讓步。

作為使用「步步逼近」策略的一方應小心謹慎，力戒急躁和冒進，否則會前功盡棄。有的久攻不下，就急躁起來，只好半途而廢；有的一次冒進太多，被對手抵擋回來，也收不到應有的效果。所以在運用策略時要注意技巧。任何策略一旦被對方識破，將一文不值，甚至反受其害。

作為防守「步步逼近」策略的一方，則應該在每次讓步之前，就想好它對買主的可能影響及買主可能的反應。一般來說，買主不會注意讓步的本身，即使是一個比較大的讓步，買主仍會覺得不夠，而向賣主提出更多的要求，會一直如此循環下去。所以賣主讓步時必須先仔細分析，如果作出了這個讓步，對方再有更多的要求時，應該如何應付。這將有助於決定是否應該讓步，怎樣抵制對方「切香腸」。

5.出其不意

「出其不意」策略是指談判一方利用突然襲擊的方法和手段，使對方在毫無防備的情況下自亂方寸，從而獲得出奇制勝的談判結果。

「出其不意」的特點在於以奇奪人，運用突發性的驚人之舉，來

達到在一段時間內震撼對方的目的。它實際上是一種心理戰術。使對方驚奇是保持壓力的一個好辦法。所以，有些談判人員在談判的過程中，往往故意設計一些令人驚奇的情況，或突然提出一些意想不到的問題。這些情況與問題主要有：

⑴驚人的情況：提出新要求、新策略、新包裝、新讓步、要求改變談判地點、風險轉移的方法等。

⑵驚人的時間：截止日期的提出、會期縮短、速度突然加快、驚人的耐心表現、徹夜和週假日的商談。

⑶驚人的行動：退出談判、休會、推拖、放出煙幕、不停的打擊和堅定的報復行動，甚至發生的辱罵、憤怒、不信任、對個人的攻擊。

⑷驚人的數據：新的具有支持性的統計數字、特別的規定、極難回答的問題、別致的回答，以及傳遞信息媒介物的改變。

⑸驚人的人物：買方或賣方的改變、新成員的加入、有人突然退場，以及有人突然缺席或遲到數小時。

⑹驚人的權威：高級主管的出現、著名專家顧問的出場。

⑺驚人的地方：漂亮豪華的辦公室、沒有冷氣或暖氣的房間、有洞孔的牆壁、嘈雜的地方和許多人的大集會場所、甚至令人不舒服的椅子。

作為談判的另一方，如遇到上述情況，最好的辦法就是沉著應戰，多聽少說，爭取充分的時間多想一想。中途還可以暫時休會。在沒有弄清情況和未做好適當準備之前，最好不要有所行動。「出其不意」策略不應不加區別地運用於一切談判過程之中。要知道，有些驚人之舉往往會製造陌生感、不信任感以及緊張氣氛，有時還會妨礙談判雙方信息的溝通。有的談判輕車熟路，本來可以循序漸進地等待瓜熟蒂落，如果洽談者突出驚人之舉以加速談判過程，其結果可能會適得其反，甚至會使談判破裂。

6.投石問路

「投石問路」策略是指買主在談判中為了摸清對方的虛實：掌握對方的心理，通過不斷地提問來瞭解直接從賣方那兒不容易獲得的諸如成本、價格等方面盡可能多的數據，以便在談判中作出正確的決策。

例如，企業要購買 3000 個零件，他就可以先問如果購買 100、1000、3000、5000 和 10000 個零件的單價分別是多少。一旦供應商給出了這些單價，企業就可從中分析出供應商的生產成本、設備費用的分攤情形、生產的能力、價格政策、談判經驗豐富與否。最後能夠得到非常優惠的價格購買 3000 個零件，因為很少有供應商願意失去這樣數量多的買賣。

企業經常運用「投石問路」策略，通常都能問出很有價值的數據，知道的數據越多，就越能作出有利的選擇。一般來說，可提出這樣一些問題：

· 如果我們建立長期合作關係呢？如果我們同時購買幾種產品呢？

· 如果我們訂貨的數量加倍或者減半呢？

· 如果我們自己運輸呢？

· 如果我們分期付款呢？

· 如果我們淡季訂貨呢？

· 如果我們增加或減少保證金呢？

· 如果我們要求改變規格式樣呢？

· 如果我們提供原材料呢？

每提出一個問題，就好像投出一塊石頭，落地有聲。每塊「石頭」都會使供應商感到心煩，但是對這些並非無禮的問題要拒絕回答又是很不容易的。所以供應商有時寧願降低價格，也不願接受這種無休止的詢問。

7.讓步策略

在價格談判過程中，採購人員應注意控制自己讓步的程度，這樣就能處於較有利的地位，特別是當談判快要形成僵局時。

如果我們將廠家對供應商的殺價稱為「他殺」，廠家對自己作出的價格減讓稱為「自殺」的話，我們可以看出，沒有原因的「自殺行為」，對廠家是不利的。

成功的採購人員所作的讓步，通常都會比供應商作出的讓步幅度小，但他們善於「控制」這種讓步，善於渲染、誇張讓步的艱難性。

美國著名的談判學專家卡洛斯歸納出的某些讓步結論，對於提高採購人員的讓步技巧很有幫助。具體如下：

⑴開價較低的買主，通常也能以較低的價格買入；

⑵讓步太快的賣主，通常讓步的幅度積累起來也大，成交價也較低；

⑶小幅度地讓步，即使在形式上讓步的次數比對手多，其結果也較有利；

⑷在重要的問題上先讓步的一方，通常是最終吃虧的一方；

⑸如果將自己的預算告訴對方，往往能使對方迅速作出決定；

⑹交易的談判進程太快，對談判的任何一方都不利；

⑺要麼不讓，要麼大讓者，失敗的可能性也較大。

第六節　採購議價的技巧

一、企業居優勢的議價技巧

在企業佔優勢的情況下，供應商彼此競爭激烈，此時企業應「因勢利導」，運用壓迫式議價技巧以取得最優價格。

1.借刀殺人

通常詢價之後，可能有 3～7 個供應商來報價，經過報價分析與審查，然後按報價高、低次序排列(比價)。至於議價究竟先從報價最高者著手，還是從最低者開始？是否只找報價最低者來議價？是否與報價的每一供應商分別議價？事實上，這並沒有標準答案，應視情況而定。

採購工作一般都非常忙碌，若逐一與報價供應商議價，恐怕是不可能的。且議價的供應商越多，通常將來決定的時候困擾就越多。若僅從報價最低的供應商開始議價，則此供應商可能倨傲不馴，降價的意願與幅度可能不高。

故所謂「借刀殺人」，即從報價並非最低者開始。若時間有限，先找比價結果排行第三低者來議價，探知其降低的限度後，再找第二者來談價，經過這兩次議價，「底價」就可大概浮現出來。

<編輯語> 有關採購作業的價格談判或議價技巧，請參考本公司另一本書：《採購談判與議價技巧(增訂四版)》。

若「底價」比原來報價最低者還低，表示第三、第二低者承做意願相當高，則可再找原來報價最低者來議價。以第三、第二者降價後的「底價」，要求最低者降至「底價」以下來承做，達到「借刀殺人」的目的。若原來報價最低者不願降價，則可交與第二或第三低者按議價後的最低價格成交。若最低價者剛好降至第二或第三低者的最低價格，則以交給原來報價最低者為原則。

「借刀殺人」達到合理的降價目的，即見好就收，免得造成報價供應商之間「割頸競爭」以致延遲採購時效。

此外，摒除原來報價偏高的供應商之議價機會，可以達到「殺雞儆猴」的效果，並鼓舞競爭供應商勇於提出較低的報價。

2. 過關斬將

所謂「過關斬將」，即採購人員應善用上級主管的議價能力。通常供應商不會自動降價，必須據理力爭，但供應商的降價意願與幅度，視議價的對象而定。如果採購人員對議價的結果不太滿意，此時應要求上級主管來和供應商(業務員或主管)議價，當買方提高議價的層次，賣方有受到敬重的感覺，可能同意提高降價的幅度。

若採購金額巨大，採購人員甚至進而請求更高層的主管(如採購經理，甚至副總經理或總經理)邀約賣方的業務主管(如業務經理)面談，或直接由買方的同級主管與對方的高層主管直接對話，此舉通常效果不錯。

因此，高層主管不但議價技巧與談判能力高超，而且社會關係及地位崇高，甚至與對方的經營者有投資或事業合作的關係，因此，通常只要招呼一聲，就可以獲得令人料想不到的議價效果。

當然，業務人員若為　避「過關斬將」而直接與採購經理或高層主管洽談，如此必會得罪採購人員，將來有喪失詢價機會，所以通常會接受此種逐次提高議價層次的安排。

3.化整為零

採購其中一個很重要的目的便是為了獲得最合理的價格,必須深入瞭解供應商的「底價」。若是僅獲得供應商籠統的報價,據此議價,吃虧上當的機會相當大。若能要求供應商提供詳細的成本分析表,則「殺價」才不致發生錯誤。因為真正的成本或底價,只有供應商心裏明白,任憑採購人員亂砍亂殺,最後恐怕還是佔不了便宜。因此,特別是擬購之物品是由幾個不同的零件組合並逐一報價;另外,專業製造此等零件的廠商另行獨立報價,借此尋求最低的報價或總價,作為議價的依據,但也面臨以完成品買進或以單個零件買進自行組裝的採購決策。

例如,紡織工廠所用的紗管,除了鐵管本體以外,還有保證作用的塑膠管套,以及插入紡錠兩端的管帽與底座,一共四個零件組合而成。原來供應商 A、B、C 均以完整的一支紗管報價,單價各為 98.5 元、101 元及 97 元。為達到「化整為零」的目的,採購人員另詢 C、E(鐵管專業廠商),F、C(管套專業廠商)及 H、I(管帽、底座專業廠商)對其專業生產的產品報價。另外,供應商 A 是鐵管專業廠商,投資額約 500 萬元;B 是管套專業廠商,投資額約 7000 萬元;C 是管帽、底座的專業廠商,投資額 30 萬元。那麼,採購人員究竟是向 A、B、C 那一家買入較好,或分別向各項零件報價最低者買入再予組合呢?前述的兩種狀況,最低的價格各為多少?

解答:

⑴由於 A、B、C 三家的報價,表示整支紗管將來採購價格最高不會超過 97 元,此是採購價格的上限。

⑵將鐵管、管套、管帽及底座的單項最低報價選出,即鐵管 67 元(E)、管套 19 元(B),管帽及底座 3.5 元(H);因此,分別以最低單價購入合計的總價為 67+19+3.5=89.5(元)。此即採購價格的下限。

⑶因此,真正的成交價格將介於 97 元與 89.5 元之間。

⑷由於分項購入，買方尚需負擔組裝薪資及測試費用，因此 89.5 元並非最低的成本。而採購人員為避免組裝及測試困擾，即必須尋求組裝臨時工人及購入或租用測試紗管平衡作用的機器，故多半傾向於單一廠商整支購入。

⑸究竟向 A、B、C 其中那一家購入呢？雖然 C 的報價最低，但報價內容不詳，且規模最小(資本額 30 萬元)，若 A、B 同意以 97 元以下價格交貨，應是比較適當的選擇。

4. 壓迫降價

在企業佔優勢的情況下，不徵詢供應商的意見，以脅迫的方式要求供應商降低價格。這通常是在企業產品欠佳，或競爭十分激烈，以致發生虧損或利潤微薄的情況下，為改善其獲利能力而使出的殺手鐧。或由於市場不景氣，故形成供應商存貨積壓，急於出脫換取週轉金。因此，這時候形成買方市場。採購人員通常遵照公司的緊急措施，要求供應商自特定日期起降價若干；若原來供應商缺乏配合意願，即更換供應源。

當然，此種激烈的手段，會破壞供需和諧關係；當市場好轉時，原來委曲求全的供應商，不是「以牙還牙」抬高售價，便是另謀發展，供需關係難以維持良久。

二、企業居劣勢的議價技巧

在供應商佔優勢的情況下，特別是單一來源或獨家代理，企業尋求突破議價劣勢的技巧如下：

1. 迂迴戰術

由於供應商佔優勢，正面議價通常效果不佳，這時要採取迂迴戰術才能奏效。

例如，某廠家自本地總代理購入某項化學品，發現價格竟比同類

產品貴，因此要求總代理說明原委，並比照售賣同業的價格。未料總代理未能解釋其中道理，也不願意降價。因此，採購人員就委託總代理原廠國的某貿易商，先行在該國購入該項化學品，再運至目的地。因為總代理的利潤偏高，此種轉安排雖然費用增加，但總成本還是比透過總代理購入的價格便宜。

2. 直搗黃龍

某單一來源的供應商或總代理對採購人員的議價要求置之不理，一副「姜太公釣魚，願者上鉤」的姿態，使採購人員有被侮辱的感覺，真是「是可忍，孰不可忍」！此時，若能擺脫總代理，尋求原廠的報價將是良策。

採購人員對所謂的總代理在議價的過程中應辨認其虛實，因為有些供應商自稱為總代理，事實上，並未與國外原廠簽任何合約或協議，只想借總代理之名義自抬身價，獲取超額利潤。為此，當採購人員向國外原廠詢價時，多半會獲得回音。但是，在產、銷分離制度相當嚴謹的日本，迂迴戰術就不得其門而入。因為原廠通常會把詢價單轉交國內的代理商，不會自行報價。

3. 預算不足

在企業處於劣勢的時候，應以「哀兵」姿態爭取供應商的同情與支持。由於企業沒有能力與供應商議價，有時會以預算不足為藉口，請求供應商同意在其有限的費用下，勉為其難地將物品賣給他，而達到減價的目的。一方面企業必須施展「動之以情」的議價功夫，另一方面則口頭承諾將來「感恩圖報」，換取供應商「來日方長」的打算。此時，若供應商並非血本無歸，只是削減原來過高的利潤，則雙方可能成交。若企業的預算距離供應商的底價太遠，供應商將因無利可圖而不為企業的訴求所動。

4. 釜底抽薪

為了避免供應商在處於優勢的情況下攫取暴利，採購人員只好同

意供應商有「合理」利潤。否則胡亂殺價，仍然給予供應商可乘之機。因此，通常由企業要求供應商提供所有成本數據。以國外貨品而言，則請總代理提供一切進口單據，藉以查核真實的成本，然後加計合理的價格。

心得欄

第 6 章

採購作業的品質確定

第一節　採購品質的說明

採購品質控制的核心是物料品質的說明。因為採購訂單或合約能否符合申購部門的需求，通常取決於描述品質要求的採購說明是否符合要求，尤其是在沒有任何其他的格式、表單可以清楚且精確的表達時，採購說明顯得更為重要。

一、採購規格

規格通常以詳細方式來敘述需求。許多不同形態的規格設計都詳細列出製造產品時所需的原料、零件與元件，同時也描述購買者(消費者)所需求的產品為何用，因為其廣泛的影響工程、生產作業、採購及品質等各項活動，適當的規格嚴重影響這些部門最後的製成品與公司的成功與否。在製造業的廠商，當其規格固定的時候，則產品的最後設計也是固定的。

　　當最後的設計固定時，產品的競爭地位及其獲利能力也就固定了，所以開發適當的規格是一重要的管理工作。此工作因包含許多相關變數，所以相當困難，如人員的敏感性與本位主義的衝突問題。許多部門都有設計規格的能力，儘管如此，他們通常因為觀點衝突而受阻礙。不過在要得到最合適的設計之前，這些主要的衝突都會得到協調。例如，為了得到競爭優勢，行銷部門一般需要特色且非標準化的產品；工程部門有時會設計特殊性質的產品，但對銷售能力的增進有限且使得生產過程更加複雜。

　　而生產作業為了達到較低的單位成本及較長的產品生命週期，所以希望物料容易使用且產品線的產品項目越少越好。像這些部門間對設計的差異問題就需要企業加以協調。

　　降低成本通常可以增加利潤，而試圖直接降低人工成本，一般會引起較強的反抗力量。降低人工成本是為節省開支，因此，降低人工成本若無合理的解釋，容易引起勞工問題。以設計方式來降低成本，有時也發生反對意見，透過想像力及創造力降低成本，就比其他領域容易得多，這就是為什麼許多經理人會在設計領域和工程部門、生產作業部門與採購部門的溝通協調。

1. 規格的重要性

　　在產品的設計期間，物料的選擇對成本的決定是相當重要的。產品在設計時，物料的成本會因規格已經確立而固定，並且是發生在向採購部門提出請購單之前。所以成本的降低及控制的第一步驟就在設計的階段，當成本在此階段可以被降低。它也不會在損益表中列為損失，但卻可以持續改善不必要的利潤損失。

　　進行價值分析及工程時，在設計階段中有些不必要的成本尚未消除，並沒有造成任何損失；另外由於市場、物料及生產方法的經常波動，持續修正、簡化及改善是必要的，且可以從原始設計中的規格化、標準化節省相當大的金額。

為產品製作規格應包括四要素：

⑴基本功能的設計要素。

⑵消費者可接受程度的行銷要素。

⑶符合效益的製造要素。

⑷市場、原料的取得、供應商能力及成本的採購要素。

根據先前所指出，很難使這些要素互相不會衝突，所以企業必須直接促進部門間的共同合作，尋求共同解決之道，而非各部門的個別解決方法。若要在設計方面完美解決功能性的問題，可能出現許多製造上的加工、組裝的困難。當設計可符合基本功能且容易製造時，就出現物料的採購與價格的問題。

有時產品設計既符合功能性、生產符合生產效益及符合採購效率，但消費者卻不一定有購買意願。數年前某一汽車製造商製造一輛引擎性能極佳且省油的汽車，他們也認為這是消費者最在意的兩項品質要素，不過這是錯誤的假設，因為這款汽車與競爭對手相較之下缺乏外形上的特點，因此銷售量不佳，並失去先前所建立的一半市場佔有率。

各部門的利益衝突點並非極端嚴重，雖然各部門的主管有時意見不同，但是當問題被充分瞭解，並且公司解決衝突的機制已建立，就能互相忍讓協商，可能一般的企業不能總是充分瞭解或高層主管指導不足以將衝突完全解決。

2.如何設計合適的規格

通常情況下，設計工程師與生產工程師在設計規格時會解決上述所提的四項要素，但可能並沒有與採購及其它相關部門協商。這是非常不好的，因為專業工程師沒有商業經驗以及缺乏基本的市場信息去解決規格採購要素。若根據他們的做法，會設計出嚴格的規格但卻喪失了有效的競爭力。管理顧問師 Jack Reddy 與 Abe Berger 在《產品品質三要素》文中提到：「在大部份的工廠，經理人假設規格是正確的

且已容許必要的誤差；但在我們的經驗中這些假設是錯誤的，可能為了要符合規格的嚴格要求，在生產過程中浪費許多時間。」

當規格的衝突發生時，最後的決定權應該是必須對產品功能負起責任的部門，此部門通常為設計工程部，但這並不意味著工程部忽略製造、採購、品質與行銷的設計要素。從公司的觀點，正確的規格是混合所有部門的需求，也惟有這種規格能合乎高階主管的目標。也就是說要能增加銷售、降低成本、確保公司安全及使公司處於強有力的競爭地位。

企業為平衡產品品質與成本，需整合公司的技術與商業技巧去設計規格，共有 4 個方式可以使用：採購早期介入、正式委員會、非正式組織、採購協調者。具體如下：

⑴採購早期介入

現在已有越來越多的先進廠商在開發新產品的初期就介入採購，早期介入採購的好處是，開發出來的規格較為完美，且符合技術上與商業上最大的客觀性與彈性。潛在的供應商會被要求提供大致符合功能的規格。當此產品的架構形成後將提出確定性的規格，先進的廠商發現此方法是以合理成本找出品質的一項要素。

⑵正式委員會

此種方式認為好的規格是將許多基本目標折中而成；規格審查委員會的成員來自設計工程部、產品工種部、採購部、行銷部、生產作業部及品質管理部等。當一新產品設計提出時，委員會的所有成員都會收到所有設計圖、用料表和規格，在委員會尚未同意之前沒有任何的設計會定案。有一電子公司估計利用這種方法去評估新的規格，每年可節省超過 100 萬美元。

⑶非正式組織

此方法強調的觀念是採購人員要擔負起企業對物料需求的責任。企業應鼓勵設計人員徵求採購人員的意見，甚至與採購人員講座所有

商業方面的項目,強調採購人員與設計人員要有充分的溝通與協調。使用此方法要將公司立場與成本導向的意圖從組織內部最基層來發展。

⑷**採購協調者**

有些公司會在採購部門內為某些個人設置一些職位,稱為物料工程師,成為設計部門的聯絡人。通常這些物料工程師大部份的工作時間在工程部門,檢視設計工作是否有依照原圖執行。材料工程師可能發現採購問題,並在這些問題變得嚴重之前加以阻止。此方法具高度的結構性,但費用相當昂貴,不過卻非常有效率。所以此方法是適用於當需協調的問題是來自廠商產品的技術性質,或成本很高值得這項投資。

二、撰寫規格

在經過了產品設計的步驟之後,就是要將個別的零件及材料的規格用文字明白的寫下。所有的內容務必要用清楚、精確的字句表達出來以便於溝通,這是非常重要的。另外,更重要的是制定採購合約的溝通。

各部門的最佳績效是建立好的規格。若要符合各部門需求,規格必須滿足下列各點:

⑴為了設計與行銷所需的功能性特質、化學屬性、尺寸、外觀等。

⑵為了製造所需物料的操作性。

⑶為了檢驗所需可以測試物料是否符合規格。

⑷為了倉儲所需而能有效率的收料、儲存及發料。

⑸為了生產控制所需而能有效率地規劃物料的使用。

⑹具備獲取物料的採購能力,且供應來源有充分的競爭性。

⑺必要時,生產控制部門及採購部門有能力取得物料的替代品。

⑻使廠商能以最低的總成本取得適當品質的需求。

⑼使廠商使用商業或工業標準物料之需求。當經常使用合適標準化的物料時，亦能建立公司的標準。

三、規格的種類

· 一個好的產品規格要能符合採購的基本需求要素，包括市場、取得原料的能力及價格。

· 規格要很清楚使買賣所考慮的事情絕對相同。但清晰明白的文字敘述通常是不容達成的。

· 規格只偏向某一廠商的產品而限制或排除了競爭性。

在上述的要點中，由於採購人員的質疑，公司同意理順規格以提升競爭性，節省開支。

不合理的公差是訂定規格的難題，也會增加許多不必要的成本，如原料為符合公差而花費更多的檢驗。避免花費不必要成本最好的方法就是使用標準規格。

例如：生產 1000 個真空驅動馬達的滑輪，使用較寬鬆的公差，大量生產的結果比從條棒加工製造的成本低很多，然而第一個要決定滑輪的生產是否可以使用壓鑄生產方法，第二個要決定所用的標準化零件。不管用何種生產方法，這些決定直接影響了產品的標準化程度。

要詳述規格有 3 個主要部份：商業標準、設計規格（通常指工程圖）與原料及製造方法規格。

1. 商業標準

由於某些材料重覆使用的頻率很高，使得產業及政府為這些材料發展制定商業標準。產業標準不過是對某些標準化項目的完整說明，包含在製造某一產品時原料及技術的品質，包括尺寸、化學成分等；也包含對材料及技術的測試方法等。當材料是依照商業標準訂購時，

可以省去買賣許多的困擾。在商業貿易往來中有許多商品都已設立標準規格。

　　隸屬政府的標準局或商品檢驗局、民間的標準化協會或品管、工業及商業同業公會等皆致力發展標準規格及標準檢驗方法。這些標準同樣適用於原料、裝配物料、個別的零件以及配件等。

　　購買具商業標準的貨品類似購買具有專利的貨品，這方法都能使所需的東西更加以精確與方便的方式來說明。事實上，除了專利產品之外，大多數經常使用的東西也具有標準化的物質，通常此種產品競爭較激烈，且能以合理價格來取得。由於標準產品的使用者很多，有許多廠商因此能以低成本長期生產，也不需要事先的銷售合約支援生產，他們只關心能否在需要時得到標準的原物料。購買具商業標準的材料，多數精力是花費在檢驗程序上，商業標準產品除了當場檢視外需要定期的查驗，以確定買方所收到貨品是否符合品質要求。

　　具有商業標準的產品隨時都有可能使用到，它對於簡化設計、採購流程、存貨管理、降低成本有相當的貢獻。我們可以從政府單位、貿易協會及檢驗協會等取得標準規格。事實上，取得某一規格最好的方式是詢問製造商，他們會樂意提供符合買方需求的原料及產品的標準規格。

2.設計規格

⑴產品設計規格

　　並非所有產業上所使用的材料都有標準規格或尺寸，因此，有許多買方廠商會為這些項目建立自己所需的規格。這種做法，會使得供應商之間的競爭減弱，製造商能生產符合買方規格的產品，即是潛在的供應商。

　　在建立自己的規格時，公司應避免使用著名或因商標或專利品所形成的單一供應來源以致溢付價格。另外，公司規格應當符合產業標準，若必須有特別尺寸、公差或特性時，應努力使這些「特別品」成

為標準零件的附加或替代品,如此可以節省許多時間和金錢。

以化學、電子的規格或物理規格及附帶工程圖來說明需求時,會有一些風險。例如,買方詳細說明油漆的化學成分給製造商時,買方以為油漆的功能承擔了全部的責任。當產品在第一個月退色時,此責任應歸於買方。如果買方詳述金屬造所需零件的尺寸時,買方必須為零件的合適性及功能負責。

⑵工程設計圖

工程設計圖偶爾也會單獨使用,通常會與實行的採購說明一起使用。當需求是比較屬於形狀、尺寸及空間的關係時,設計就是說明需求的一個好方法。此方法的精確程度很高,但在使用時必須特別小心。用此方法說明規格有時會不太清楚,而產生了很多的個性成本。所有的尺寸必須完全涵蓋,且所有規格的描述必須明確。

工程設計圖廣泛地使用在如建築工程、鑄造及機械廠及大多數特殊的機械零件品質描述上,使用此方法有 4 項優點:

①精確及精準。

②描述機械性產品最實際、公差最小的方式。

③廣泛的競爭(需求可以輕易地與有潛力的供應商進行溝通)。

④較容易建立檢驗的標準。

3. 原料及製造方法的規格

使用這種方法是要求供應商精確說明所使用的材料及其加工方法。因買方承擔了產品功能的責任,買方公司擁有原料、技術及製造方法的新知識,同時,採購人員沒有理由為取得此項知識必須支付費用給其他公司。

原料及製造方法的規格最常使用於軍事服務與能源部門,近來在企業界也使用修正後的這些規格。例如,顏料的採購商通常會要求製造商在標準顏料中加入某一化學原料;鋼鐵採購商購買特殊的鋼鐵也會有相同的要求;而化學及藥品的採購商會為了健康理由,要求製造

商提供原料及製造方法來描述品質，所以此種方法最常發生於大公司裏面技術高深的採購人員與研發人員與有限的小供應商打交道時。儘管如此，這種方法在產業中很少使用，因為採購人員的責任太大了，也否定了有最新技術發展及製造的公司。採用這種方法在規格制定及檢驗的成本是相當昂貴的。

　　這種描述規格的方法有一個非常重要的特徵：由於產品非標準化，對取得優良服務及價格不會發生違反公平交易法之障礙，畢竟每個供應商使用的原料或製造方法存在相當的差異程度。

第二節　採購的品質控制流程

一、物料品質控制流程

　　企業採購部門及採購主管必須與品質部門密切配合，對供應商提供的物料品質進行控制，以使其能滿足企業的需求。

　　物料品質控制的流程(表 6-2-1)如下：

　⑴選擇能符合一定品質水準的供應商來源。

　⑵促使供應商對品質的各方面進行充分的瞭解。

　⑶監控供應商產品的品質。

　⑷獎勵供應商製造出符合一定品質標準的產品。

二、物料品質控制原則

　　⑴企業和供應商具有相互瞭解對方的品質控制體系，並合作實施品質控制的責任。

⑵企業和供應商各具自主性，並且必須互相尊重對方的自主性（雙方對等、相互尊重）。

⑶企業有責任提供給供應商有關物料的充分信息。

⑷企業和供應商於交易開始之際，對於有關產品的質、量、價格、交貨期、付款條件等事項，必須訂立合理的契約。

⑸供應商有責任保證物料是企業使用上可滿足的品質，必要時，有責任提供必要的客觀數據資料。

⑹企業和供應商於訂契約時，必須訂立雙方可接受的評價方法。

⑺企業和供應商對於雙方之間的各種爭議解決方法及程序，必須於訂約時訂立。

⑻企業和供應商應相互站在對方的立場上，交換雙方實施品質控制所必要的信息。

⑼企業和供應商，為了雙方的關係能夠更圓滿順利，對於訂購作業、生產管制、存貨計劃等，應經常做妥善的管理。

⑽企業和供應商於交易之際，都應充分考慮最終消費者的利益。

三、物料品質控制要點

1. 事前規劃

⑴決定品質標準並開列公平的規格。

⑵企業和供應商雙方確認規格及圖紙。

⑶瞭解供應商的承制能力。

⑷企業和供應商雙方確認驗收標準。

⑸要求供應商實施品質控制制度（品質控制認證等級）。

⑹準備及校正檢驗工具或儀器。

2. 事中執行

⑴檢查供應商是否按照規範作業。

⑵提供試製品以供品質檢測。

⑶派駐檢驗員抽查在製品的品質。

⑷品質控制措施是否落實。

3.事後考核

⑴嚴格執行驗收標準。

⑵解決企業和供應商雙方有關品質的分歧。

⑶提供品質異常報告。

⑷要求供應商承擔保證或保修責任。

⑸淘汰不合格供應商。

心得欄 ----------------------------------

表 6-2-1　採購品質控制流程

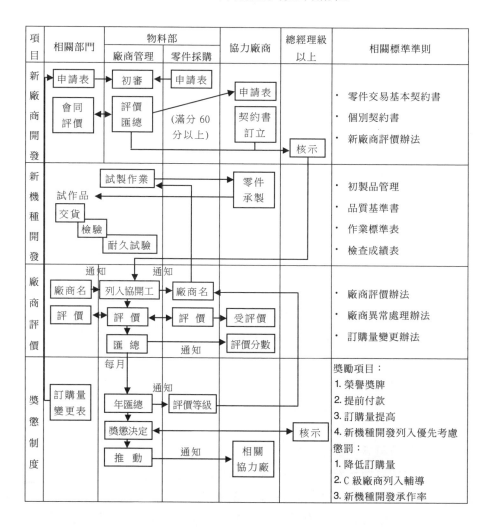

項目	相關部門	物料部		協力廠商	總經理級以上	相關標準準則
		廠商管理	零件採購			
新廠商開發	申請表　會同評價	初審　評價匯總	申請表　(滿分60分以上)	申請表　契約書訂立	核示	· 零件交易基本契約書 · 個別契約書 · 新廠商評價辦法
新機種開發	試作品　交貨　檢驗　耐久試驗	試製作業		零件承製		· 初製品管理 · 品質基準書 · 作業標準表 · 檢查成績表
廠商評價	廠商名　評價	通知　列入協開工　評價　匯總	通知　廠商名　評價　通知	受評價　評價分數		· 廠商評價辦法 · 廠商異常處理辦法 · 訂購量變更辦法
獎懲制度	訂購量變更表	每月　年匯總　獎懲決定　推動	通知　評價等級　通知	相關協力廠	核示	獎勵項目： 1. 榮譽獎牌 2. 提前付款 3. 訂購量提高 4. 新機種開發列入優先考慮 懲罰： 1. 降低訂購量 2. C級廠商列入輔導 3. 新機種開發承作率

第三節　採購品的品質標準制定

物料品質控制是指為達到採購品質要求所採取的作業活動。為了使物料品質控制的展開能有效地進行，採購主管應協同有關部門制定物料品質控制標準，以便順利地開展採購作業。

一、物料品質控制標準的構成

凡是採購的材料，例如零件及總成，均成為企業產品中的組成部份，且直接影響產品的品質。包括校正與特殊制程等的服務品質應加以考慮。採購主管在採購時只有制定完善的品質控制標準，也才能使品質糾紛避免或迅速解決。

物料品質控制標準至少應包含下列要項：

⑴規格、圖樣與採購訂單的要求；

⑵合格供應商的選擇；

⑶品質保證的協議；

⑷驗收方法的協定；

⑸解決品質糾紛的條款；

⑹接收檢驗計劃與管制；

⑺接收品質記錄。

1. 規格、圖樣與採購訂單的要求

要想採購工作得以圓滿完成，對物料要求項目就必須明確地加以敍述。這些要求通常包含在給供應商的合約規格、圖樣及採購訂單內。

採購業務應擬定一套合適的法則，以確保供應物料的要求得以明確敍述，而最重要者，是要完全為供應商所瞭解。這些法則可包含擬

訂規格、圖樣及採購訂單，以及下訂單前買賣雙方會談等的書面程序，以及其他適合物料採購的方法。

　　採購文件應將所訂物料的資料詳細載明。採購文件包含的品質要項如下：

　　⑴式樣與等級的精確鑑別。

　　⑵各種檢驗說明及適用規格。

　　⑶所應用的品質系統標準。

　　各種採購文件在送發之前，應覆核其正確性與完備性。

2. 合格供應商的選擇

　　每一家供應商應充分展示其能力，證明自己有能力完成所供應的物料符合規格、圖樣及採購訂單所有的要求。

　　確立此種能力的方法，可採取下列任何的組合：

　　⑴現場實地評鑑及評估供應商的能力及品質系統。

　　⑵樣品評估。

　　⑶類似物料以往的記錄。

　　⑷類似物料測試的結果。

　　⑸其他使用者公佈的經驗。

3. 品質保證的協議

　　有關供應商所負的品質保證責任，採購商應與其達成明確的協定。供應商所提供的保證，可按下列變化操作：

　　⑴企業信賴供應商的品質保證系統。

　　⑵隨貨提送規定的檢驗/測試數據或制程管制記錄。

　　⑶供應商做百分之百的檢驗/測試。

　　⑷供應商逐批抽取樣品做允收檢驗/測試。

　　⑸按企業規定實施正規的品質保證系統。

　　⑹無任何規定時，企業信賴接收進料檢驗或廠內篩檢。

　　保證條款應與企業經營的需要相稱且避免不必要的額外成本。對

於某些狀況，可能涉及正式品質保證系統時，可包含企業和供應商物料保證系統做定期的評鑑。

4.驗證方法的協定

對於是否符合企業要求而查驗的方法，應與供應商擬定明晰的協定，此協定亦可涵蓋為求進一步的物料改進而交換的測試數據。所達成的協議可將要求條件及檢驗、測試或抽樣方法在解釋的困惑上減至最少。

5.解決物料糾紛的條款

與供應商應擬定各種制度及程序，以解決品質糾紛。所訂條款應包括處理例行性與非例行性等事情。

此等制度及程序，最重要一點是企業和供應商對於影響品質的事情，必須有改善溝通管道的條款。

6.接收檢驗計劃與管制

應建立適當的方法以確保經接收的物料有適當管制。這些辦法應包含隔離場所或其他合適的方法，以避免不合格物料不慎被誤用。

接收檢驗執行的程度應審慎規劃。檢驗為必要時，檢驗水準的選擇應考慮總體成本。

此外，如決定實施檢驗，必須仔細選擇受檢的特性項目。在物料到達前，亦必須確定所需的工具、量規、儀錶、裝備器材均已備妥，且經適當的校正，並有足夠訓練有素的檢驗人員。

7.接收品質記錄

應保持適當的接收品質記錄，確保以往的數據完備，這樣就可以評核供應商的績效與品質趨勢。

此外，為追溯目的而需維持批次的識別記錄文件，在某些情況下，可能有用而且必要。

二、物料規格的制定

物料規格是描述物料各方面要求的圖紙、樣品、技術文件或它們的結合，或其他具有同等效力的東西。它是供應商進行生產的依據或標準，也是企業的來料檢驗部門所依循的標準。

規格一般是由企業的產品開發部和品質管理部制定，採購主管雖無權制定或修改物料規格，但是有權要求規格制定部門對物料規格進行詳細、準確的描述。

對於供應商來說，企業的物料規格就是企業對欲購物料的無言要求，供應商必須理解規格的全部內容，還應瞭解企業對物料品質要求的尺度。

1. 物料規格的表現形式

規格有多種描述方式，主要有：圖紙、樣品、技術文件、國際標準等。下列作簡單介紹：

⑴工程圖紙

對於非通用零件，企業常用工程圖紙對其進行描述。供應商將根據工程圖紙去生產或作一定程度的組裝，來料檢驗部門則按工程圖紙測量尺寸和進行其他方面的檢驗。

⑵樣品

樣品一般用於那些難以用文字、圖片表示的物料或物料的某些特性。例如，塑膠件的外觀標準就常需用樣品來配合工程圖紙來加以規定。

⑶技術文件

技術文件常用於那些難以用圖紙來表達或難以呈送樣品（或樣品不易保存）的物料。例如：常用的工程塑料顆粒，就無法用圖紙來描述，也不便用樣品去規定；化學藥水（劑）的規格也難適合用技術文件來界

定。

⑷國際標準

很多標準件(如:螺絲、螺母等)無須畫圖紙也無須送樣品,只須寫明所需的大小及標明供應商應遵照的標號便可。另外,如果某供應商生產的物料在行業中屬領先地位,樣品經試用後又完全能滿足生產要求,那麼可能就會把此供應商提供的圖紙或技術標準作為日後來料檢驗的標準。有時物料需用部門會指定購買某種商標的物料,可能該部門以前用過該商標的物料,並且感覺不錯或聽說某商標的物料還不錯,指定商標既有好處又有壞處。好處是按需用部門指定商標買回的物料適用的可能性更大(特別是當一種東西以前沒有買過時);壞處是忽略了其他合用商標的物料。

2.物料規格的設計原則

物料規格的制定作業,雖是工程或技術人員的責任,但為了所制定的規格符合採購要求,採購人員對規格的制定,應加留意,並提供適當的建議。物料規格設計的原則如下:

⑴通用原則

一般性物料儘量採用國際性及通用性的規格。因為:

①符合標準化要求,可保證品質優良。

②假如不使用通用規格,必須特別加工,勢必提高物料的價格。

③容易把握來源,後續補充亦容易。

⑵新穎原則

規格設計力求新穎,並以適應新發明原料及製造方法為原則。因為:

①利用後續補充:舊物料可能不再供應。

②符合時代要求:舊物料性能落伍,一遇市場變動,必須淘汰或淪為二流物料。

⑶**標準公差原則**

規格須有合理的公差。因為：

①易於獲得：無合理的公差，供應商多不願承制。

②可獲較合理的價格：無公差的物料，供應商無交貨把握，必提高報價以避免風險。

③可迅速交貨：有合理公差，容易掌握製造品質和控制時效。

⑷**主要規格及次要規格的區分原則**

主要規格力求清晰與明確，次要規格應具有彈性，避免苛求。其理由：

主要規格：就是主要機能，如不明確開列，訂得太過簡單粗略，非但失去設定品質標準的意義，而且供應商亦失去製造的依據，日後交貨檢驗，會產生爭端。

次要規格：就是次要機能，避免有不必要的限制，否則就會變成主、次要規格輕重不分，表面看來光明正大，實則形同指定廠商，一般供應商無法供應。

3. 物料規格的選用

物料規格決定是否適當，是物料品質控制的關鍵，現介紹使用規格的選用順序如下：

⑴**國內規格選用順序**

國家標準。凡有國家標準可用者，原則上不應使用其他規格採購。

各行業或協會制定的標準。如無國家標準可用時，則可考慮使用國內各行業或學會、協會、委員會所制定的標準。

⑵**國外規格選用順序**

國際通用規範。凡是有國際通用規範可採用者，不得使用其他規格採購。

其他國家規格而有通用性者。

(3)補助規格的使用及限制

供應商設計規格。如企業本身無能力制定規格時，可考慮國內具有工業水準及檢驗能力的供應商代為設計規格。但供應商設計的規格，最好先經過專業人員審計後才能使用。

以產品性能採購。採購時如無規格可供採用，可以性能作為採購物的要求條件；如有規格可供使用，則應要求供應商先行提供規格，經選定可用的規格後，再要求規格合用的供應商，進行比價，決定簽約。經選定的供應商規格，決標籤約交貨情形良好者，此種規格，可列為日後採購的參考。

藍圖、照片、說明書。這些僅能作為規格的補助數據，不能單獨用以作為採購的惟一依據。

(((((第四節　如何解決採購品質問題

傳統的企業各職能部門間的協作很少，多數是各自成一家。使用部門與採購部門是否協調得當，直接影響採購績效的高低，企業各部門必須清楚認識到：公司利潤並非純粹地透過銷售得來，也不是純粹地透過採購得來，它是企業所有部門綜合協調合作的共同成果。

產品品質問題主要包括兩個方面：供應商交貨時出現的產品品質問題、用戶使用產品時出現的品質問題。

一、明確選擇合格供應商的標準

1.企業領導者的人品

成功優質的企業，它的領導者一定很優秀。企業有了優秀的領導

者，才能促進企業持續發展。

2. 管理者的素質

高素質的管理人員是企業發展的中堅力量。管理層的素質在很大程度上決定了企業產品品質的高低。

3. 員工的穩定性

員工的流失率往往反映了一家企業的「發展品質」。企業員工群體流動性過大，其產品品質必然會受影響。只有企業員工穩定，才能保證產品品質的穩定。

4. 技術及設備的優良性

企業不但要有素質高的管理人員和良好的管理，還應有經驗豐富、創新力強的技術人員。只有技術得到不斷改善和創新，才能使產品品質更加有保障，材料成本不斷下降。而良好的機器設備，是使產品品質得以保證的基礎。

5. 管理制度的完善性

管理管道的暢通以及各種管理制度的健全，能充分發揮人的積極性，從而保證供應商整體品質。

二、供應商品質保證協議

隨著企業的採購需求不斷增加以及採購活動本身的發展，在實施採購的時候，簽訂供應商品質保證協定，已經成為必需程序。有關品質保證協定的相關內容如下所示：

- 確認供應商的品質體系；
- 由供應商進行 100%的檢驗/試驗；
- 由供應商進行批次接收、抽樣檢驗/試驗；
- 隨發運的貨物提交規定的檢驗/試驗數據以及過程控制記錄；
- 由本企業或第三方對供應商的品質體系進行定期評價；

· 實施本企業規定的正式品質體系；
· 本企業實施內部接收檢驗或篩選。

三、對供應商進行品質控制

1. 合約控制

除了品質保證協定外，採購員還要與供應商簽訂常規的採購合約，這就是合約控制。一般的合約還包括驗證方法協定和解決爭端的協定兩種。驗證方法協定，是指採購與供應商就驗證方法達成明確的協定，以驗證是否符合要求。解決爭端的協議，是指制定有關制度和程序，以解決供應商和本企業之間的品質爭端。

2. 到供應商處實地檢查

此種方法是將檢驗人員派到供應商處所，降低供應商的品質檢驗成本，間接降低企業的成本。

3. 供應商物品品質體系審查

供應商物品品質體系審查是指公司為了使供應商交貨品質有保證，定期對供應商的整個管理體系進行評審。一般新供應商要評審一次到幾次，以後每半年或一年評審一次。

實施方式是透過各方面專家定期對供應商進行審核，這有利於全面掌握供應商的綜合能力，及時發現薄弱環節並要求其改善，從供應商的管理運作體系上保證來料品質。

4. 定期評比

定期對供應商進行評比，促進供應商之間形成良性的、有效的競爭機制。如定期對所有供應商進行評分，一般每月將各供應商評分結果發送給供應商。該項方法對供應商品質保證有很多正面效果。

5. 供應商品質扶持

供應商品質扶持是指對某些低價、中低品質水準的供應商，透過

專業人員對其品質進行指導，以促進其在品質上有一定提高的方法。經過長期的跟蹤研究發現，供應商品質扶持是最具有遠見的供應商管理方法。

6. 第三方權威機構的品質驗證

透過第三方權威機構對產品品質進行驗證，確保驗證的準確性和公正性。

7. 供應商產品品質控制

供應商產品品質控制方法就是為了全面瞭解供應商交貨的真實品質狀況，以及分析和發現各種品質問題，並促使供應商的產品品質提升的一種監控手段。這種方法是目前許多企業都在採取的措施之一。

四、供應商品質驗收

擔負採購職責的人員應加強與用戶之間的信息交流，廣泛徵求用戶意見，全面掌握用戶對物品的使用情況。同時，對用戶提出的產品技術問題、相關建議和要求，及時回饋給供應商，督促供應商切實按照採購合約規定的後續服務條款認真履行，做好跟蹤服務。

沒有合適的跟蹤服務制度，就很難發現用戶使用產品時存在的問題。建立健全信息回饋制度是做好產品及服務跟蹤工作的最有效途徑之一。

採購員要想真正解決用戶使用產品時出現的品質問題，還應該做好對供應商售後服務的考評工作，建立評估指標體系，對產品售後服務品質進行認真細緻的評估，把產品售後服務的好壞作為一項重要指標納入到產品的品質體系中，作為下一次採購該企業產品的審核依據之一。

做好驗收工作，是確保物品品質的重要環節。驗收需注意的事項包括 8 個方面。

(1)確認供應商。物品供應商的確認是採購員需要做的第一步工作，尤其是向兩家以上供應商採購的物品，應分別標明供貨的供應商。

(2)確定送到日期及驗收日期。確定送到日期是為了確定廠商是否如期交貨，作為遲延罰款的依據。確定驗收日期則是為了督促驗收時效，作為將來付款期限的依據。

(3)確定物品的名稱與品質。物品名稱與品質的核實，是檢測該物品與合約或訂單的要求是否相符。目的是檢測供應商是否偷工減料及魚目混珠。

(4)核對物品數量。目的是檢測實際交貨數量是否與運貨憑單或訂單所載相符。如果數量太多，可採用抽查方式來核對。

(5)處理短損訂單。驗收時若發出短損，應立即向供應商要求賠償，或向運輸單位索賠，或是辦理內部報損手續等，以保證本公司的利益不受損。

(6)退還不合格物品。對於驗收不合格的物品要表示拒收，或等換貨後再行驗收。通常，供應商對不合格的物品都延遲處置，採購部門應在倉儲人員的配合下，催促供應商前來收回，若逾越時限，則不負保管責任。

(7)處理包裝材料。驗收人員在驗收時要合理處理物品包裝材料。有些包裝可加以重新利用或積存至一定數量後對外出售。對於無法再用或出售者，最好能由供應商收回。

(8)標示驗收合格物品。根據驗收結果，對合格物品加以標示、儲存，方便使用部門查明驗收經過及時間，並易於與未驗收的同類物品有所區別。

第 **7** 章

採購作業的交期跟催

第一節　造成物料延遲的原因

　　採購主管進行物料跟催的原因在於供應商交貨期的延遲。引起供應商交貨期延遲的原因有：

一、採購人員的原因

採購人員造成延遲的原因如下：

1. 緊急訂購

　　由於人為的或客觀的因素，前者如庫存數量計算錯誤或發生監守自盜情況；後者如水災或火災等自然災害，使庫存材料毀於一旦等。因此必須緊急訂購，但供應商可能沒有多餘的生產能力來消化臨時追加的訂單，企業就必須等待一段時間。

2. 選錯訂購對象

　　企業可能因為貪圖低價，選擇沒有製造能力或材料來源困難的供

應商,加上這個供應商沒有如期交貨的責任心,便不可能按期交貨。

3.跟催不積極

在市場出現供不應求的情況時,企業以為已經下了訂單,到時候物料自然會滾滾而來。沒有料到供應商因物料「捉襟見肘」,只好「挖東牆補西牆」,誰催得緊,逼得凶,或是誰價格出得高,物料就往那裏送。因此,催貨不積極的企業,到交貨日期過了才恍然大悟,但已經來不及催料了。

二、供應商的原因

供應商延遲交貨的原因有:

1.超過生產能力或製造能力不足

由於供應商的預防心理,其所接受的訂單常會超過其生產設備的生產能力,以便使部份訂單取消時,還能維持正常生產的目標;一旦原訂單中間未被取消,就造成生產能力不足而難以應付交貨數量的情況。

2.製造能力不足

供應商對需求狀況及驗收標準未詳加分析,即接受訂單後,最後才發現根本無法製造出合乎要求的產品。

3.轉包不善

供應商由於設備、技術、人力、成本等因素限制,除承擔產品的一部份製造過程外,另將部份製造工作轉包他人。由於承包商未盡職責,導致產品無法組裝完成,延遲了交貨的時間。

4.缺乏責任感

有些供應商爭取訂單時態度相當積極,可是一旦拿到訂單後,似乎有恃無恐,往往生產過程中顯得漫不經心,對如期交貨缺乏必要的責任感,視遲延交貨為家常便飯。

5. 製造過程或品質不良

有些廠商因為製造過程設計不良，以致產出率偏低，必須花費許多時間對不合格的製品加工改造。另外也可能因為對產品品質的控制欠佳，以致最終產品的合格率偏低，無法滿足交貨的數量。

6. 物料欠缺

供應商也會因為物料管理不當或其他因素造成其物料短缺，以致拖延了生產製造時間，而延遲了交貨日期。

7. 報價差錯

若供應商因報價錯誤或承包的價格太低，以致還未生產就已預知面臨虧損或利潤極其微薄，因此交貨的意願低落，或將其生產能力轉移至其他獲利較高的訂單上，而導致遲延交貨時間。

三、企業的原因

企業本身造成延遲的原因如下：

1. 購運時間不足

由於請購單位提出請購需求的時間太晚，例如，國外採購在需求日期前三天才提出請購單，採購單位措手不及；或由於採購單位在詢價、議價、訂購的過程中，花費太多時間，當供應商接到訂單時，距離交貨日期已不足以讓他們有足夠的購料、生產製造和裝運的時間。

2. 規格臨時變更

生產製造中的物料或施工中的工程，突然接到企業變更規格的通知，因此物料可能需要拆解重做，工程也可能半途而廢，再重新施工必定影響進程。若因規格變更，需另行設計試製或更換新的材料，也會使得交貨遲延情況更加嚴重。

3. 生產計劃不正確

由於企業產品銷售預測不正確，導致列入生產計劃的缺乏需求，

未列入生產計劃的或生產日期排列在後期者，市場需求反而相當旺盛，由此導致需緊急變更生產計劃，這使得供應商一時之間無法充分配合，產生供應遲延的情況。

4. 未能及時供應材料或模具

有些物料必須委託其他廠商加工，因此，企業必須提供足夠的裝配材料，或充填用的模具。但企業因採購不及，以致承包的廠商無法正常進行工作。

5. 技術指導不週

外包的物料有時需要由買方提供製作技術，買方因指導不週全，供應商不得不花費大量的時間暗中摸索，因此延遲交貨的期限。

6. 低價訂購

由於訂購價格偏低，供應商缺乏交貨意願，甚至借遲延交貨來脅迫買方提高價格，甚至取消訂單。

四、其他原因

其他造成延遲交貨的原因如下：

1. 供需部門缺乏協調配合

企業有關部門，如生產或需求部門的使用計劃與採購部門的採購計劃不夠協調配合，即生產或使用部門的日程計算過於保守，未設定正常延遲時間，採購計劃未就來源或市場可能變動或影響延遲的因素計算，造成實際交貨時間與計劃交貨時間不符，這是形成交貨期延遲的主要原因。

2. 採購方法運用欠妥

就以招標方式來進行採購而言，雖然比較公平與公正，但對供應商的供應能力及信用等問題，均難以事先作詳細瞭解。中標以後，也許沒有能力進行生產，也許無法自行生產而予以轉包，更為惡劣的是

以增強利潤或新爭取的優先生產，故意延遲交貨期。

3. 偶發不可抗拒的因素

偶發因素多屬事先無法預料或不可抗力因素，分別列述如下：

⑴戰爭

如海灣戰爭、科索沃戰爭、巴以戰爭等，均可能隨時發生使所需物料受到阻斷。雖訂有嚴密合約，因屬不可抗力因素，多無法索賠或追究責任，也難以事先判斷。

⑵罷工或停工

由於勞資糾紛，造成供應商因罷工無法生產，尤其在美國及西歐，經常發生勞資糾紛，會有停工威脅。所以在採購時，應做週密調查，凡有糾紛可能或公司制度欠佳的企業，應避免與其簽約，以防止停工延遲交貨。

⑶自然災害

自然災害主要指如颱風、暴雨或地震等不可抗力而事先難以預防的災害。自然災害而造成的交貨延遲是無法預防的，只能在災害出現後實行商品個別採購才能部份彌補。同時在採購計劃上應增加一定的安全存儲量，萬一發生問題，仍有備用商品供應。但必須事先做好供應來源調查，力求分散地區，以免某一地區發生災害，無法獲得其他地區供應商的供應而延遲交貨。

⑷經濟因素

經濟因素主要指經濟危機、通貨膨脹以及匯率及利率變動，影響供應商生產成本大幅增加，如果沒有適當的補償辦法，必然會毀約停產。因此，一般交貨期較長，有通貨膨脹或受匯利率影響的物料，在訂約時，最好事先注意採取一定的防範辦法，如採用浮動價格計價方式，即先就訂約時生產成本，包括人工及製造費用，確定其牌價或指數，當交貨時，再與交貨時的牌價或指數比較，如有漲跌，按實計算，使雙方都能避免上述各項變動因素的影響，而構成損失。此外，凡具

有季節性或循環變動所影響商品，採購時機宜求配合，以免無法進行
生產，而延緩交貨。

　⑸政治或法律因素

　　政治或法律因素主要指，政府政策變化或政府之間關係改變而影
響正常商務交往活動，造成無法履約或取得商品供應；此外，法律上
的嚴格禁止或限制也會有影響，尤其法律涉及的層面更廣，如商標專
利、通關等，會有限制，應隨時預防，以免措手不及，造成延遲。

第二節　物料跟催作業的內容

　　採購主管在發出訂單後並不是就可撒手不管了，還必須對物料進
行跟催，確保物料在適當的時間內交貨。跟催的目的在於滿足企業活
動中對必需的原材料，在必要的時間能確實的獲得，以免停工待料。

　　如果交貨期太早，必然會增加倉庫管理費用及損耗，積壓資金而
負擔利息。交貨期延遲，則會造成後續的生產計劃發生異常，影響企
業內外的各種事務，甚至造成顧客抱怨，進而使生產成本增加、制程
混亂、喪失應得的利潤。

1. 一般的監視

　　採購主管在開立訂單或簽訂合約時，就應決定該如何監視。倘若
採購物料並非重要項目，則僅做一般的監視即可，通常僅須注意是否
確能按規定時間收到驗收報表，有時可用電話查詢；但如果採購物料
較為重要，可能影響企業的經營，則應考慮另做較週密的監視步驟。

　　採購主管應審核供應商的計劃供應進度，並分別從各項數據獲得
供應商的實際進度。如供應商的制程管制數據、生產彙報中所得數據、
直接訪問供應商工廠所見，或供應商按規定送交的定期進度報表等。

2. 預定流程進度

倘若認為有必要，採購主管可在採購訂單或合約中明確規定供應商應編制預定時間流程進度表。

所謂預定時間流程進度表，應包括全部籌劃供應作業的時程，例如，企劃作業、設計作業、採購作業、工廠擴充、工具準備、元件製造、次裝配作業、總裝配作業、完工試驗及裝箱交運等全部過程。此外，採購主管應明確規定供應商必須編制實際進度表，將進度並列對照，並說明延遲原因及改進措施。

3. 制定合理的購運時間

制定合理的購運時間即，將請購、採購、供應商準備、運輸、檢驗等各項作業所需的時間，予以合理的規劃。

4. 生產實地查證

對於重要物料的採購，除要求供應商按期報送進度表外，採購主管還應實地前往供應商工廠訪問查證，但此項查證應明確在合約或訂單內，必要時派專人駐廠監視。

5. 買賣雙方信息的溝通

關於供應商準時交貨的管理，可使用「資源分享計劃」。即採購雙方應有綜合性溝通系統，使企業需要一有變動就可通知供應商，供應商的供應一有變動也可通知企業，交貨適時問題就能順利解決。

6. 企業內部加強聯繫

由於市場的狀況變化莫測，因此生產計劃若有調整的必要，必須徵詢採購部門的意見，以便對停止或減少送貨的、應追加的或新訂的數量，作出正確的判斷，並儘快通知供應商，使其減少可能的損失，以提高配合的意願。

7. 準備替代來源

供應商不能如期交貨的原因很多，且有些是屬於不可抗力；因此，採購主管應未雨綢繆，多聯繫其他來源，設計人員也應多尋求替代品，

以備不時之需。

8. 加重違約罰則

採購主管在訂立採購合約時,應加重違約罰款或解約責任,使供應商不敢心存僥倖;不過,若需求急迫時,應對如期交貨的供應商給予獎勵,或較優厚的付款條件。

9. 特案的處理

有些特殊性的採購案,如在建工程、其他一次性的重大採購案等,關於此類重大採購案的交貨管理,採購主管可用各種標準化的程序管制,如所謂甘特表、計劃評審技術、關鍵路徑法等來管理。

第三節 採購物料的跟催要點

物料跟催作業的要點包括事前規劃、執行管理與事後考核等 3 個方面的內容。具體如下:

1. 事前規劃

①確定交貨日期及數量。

②瞭解供應商主要生產設備的利用率。

③供應商提供生產計劃表或交貨日程表。

④給予供應商合理的交貨時間。

⑤瞭解供應商物流管理及生產管理能力。

⑥準備替代來源。

2. 執行管理

①瞭解供應商備料情形。

②企業提供必要的材料、模具或技術支持。

③瞭解供應商的生產效率。

④企業加強交貨前的跟蹤工作。

⑤交貨期及數量變更的通知。

⑥企業應儘量減少規格變更。

3. 事後考核

①對交貨遲延的原因分析。

②分析是否必須轉移訂單即更換供應商。

③執行供應商的獎懲辦法。

④完成交易後剩料、模具、圖表等的回收。

⑤選擇優良供應商簽訂長期合約。

要做好物料跟催作業，應有「預防重於治療」的觀念。因此，採購主管應事前慎重選擇有交貨意願及責任感的供應商，並規劃合理的採購時間，使供應商如期生產。

採購主管在訂購後，應主動檢察供應商備料及生產速度，不可等到超過交貨期才開始查詢。

一旦供應商發生交貨遲延，若非短期內可以改善或解決，採購主管應立即尋求同業支持或其他來源；對表現優越的供應商，可簽訂長期合約或建立事業夥伴關係。

第四節　訂單跟蹤

何時進行採購、何時預定採購品、如何進廠驗收等工作，對採購人員能否順利完成採購任務有著重大影響。訂單的跟蹤管理，即從訂購開始到交貨完成的週期管理，成為了採購人員最主要的日常工作之一。

一、訂單跟蹤的內容

對訂單所作的例行追蹤，以確保供應商能夠履行其對貨物發運的承諾，如果產生品質或發運送問題，採購方需要對此儘早瞭解，以便採取相應的行動。跟蹤一般需要經常詢問供應商的進度，有時甚至需要到供應商處走訪。為了及時獲得信息並知道結果，可透過電話進行跟蹤；有些公司會使用雙方由電腦所生成的簡單表格，以查詢有關發運日期和在某一時點生產計劃完成的百分比。跟蹤工作包括下述內容：

(1)跟蹤供應商技術文件的準備

技術文件是進行加工生產的第一步，對任何外購件的採購，訂單人員都應對供應商的技術文件進行跟蹤。如果發現供應商有品質、貨期問題，應及時提醒供應商修改，並提醒供應商如果不能保質、保量、準時到貨，則要按照合約條款進行賠償。

(2)確認原材料的準備

備齊原材料是供應商執行技術流程的第一步，有經驗的訂單人員會發現供應商有時會說謊，如有可能必須實地考察。

(3)跟蹤加工過程進展狀態

不同物料的加工過程不同，為了保證貨期、品質，訂單人員需要

對加工進行監控。有些物料採購，其加工過程的監工小組要有訂單人員參加，如一次性、大開支的項目採購，設備採購和建築採購等。

(4)跟蹤組裝調試檢測過程進展狀態

組裝調試是產品生產的重要環節，這一環節的完成表明訂單人員對貨期有了一個結論性的答案。訂單人員需要有較好的專業背景和行業工作經驗，否則，即使跟蹤也難以達到效果。

(5)確認包裝入庫

此環節是整個跟蹤環節的結束點，訂單人員可以向供應商瞭解物料最終完成的包裝入庫信息。如果有可能，最好去供應商現場考察。

二、訂單跟蹤的操作技巧

(1)合約執行前跟蹤

在制訂了一個訂單合約之後，對供應商是否願意接受訂單、是否及時簽訂等情況，都不是很清楚。

在採購過程中，同一物料可能有幾家供應商可供選擇（獨家供應商的情況除外）。雖然每個供應商都有分配比例，但是具體操作時可能會遇到意想不到的情況。由於時間變化，供應商可能會提出改變「認證合約條款」，包括價格、品質、貨期等。作為訂單人員應充分與供應商進行溝通，確認本次物料可供應的供應商，如果供應商按時簽返訂單合約，說明供應商的選擇正確。如果供應商難以接受訂單，必要時要求認證人員協助辦理。

(2)合約執行過程跟蹤

與供應商簽訂的合約是具有法律效力的，所以訂單人員應全力跟蹤。確實需要變更時，要徵得供應商同意，雙方協商解決。

合約跟蹤要把握以下事項：

⑶合約執行後跟蹤

應按合約規定的支付條款對供應商進行付款，並進行跟蹤。訂單執行完畢的條件之一就是供應商收到本筆訂單的貨款。如果供應商未收到貨款，訂單人員有責任督促付款人員加快付款，否則會影響到公司的信譽。

另外，物料在作用過程中，可能會出現問題，偶發性的小問題可由訂單人員到現場聯繫處理，重要的問題可由質管人員、認證人員解決。

心得欄 ------------------------------

第 **8** 章

供應商的選擇與管理

第一節　尋找供應商

　　為滿足企業需求，企業必須針對供應商，進行正確的尋找、調查、評審，以保證供應商提供的物料，滿足企業規定的要求。

一、供應商的資訊收集

　　為了選擇更多更好的供應商，須開展供應商的尋找工作，即擴大供應商來源。換句話說，供應商愈多，選擇供應商的機會就愈大。

　　採購人員在平時的工作中，應注意通過各種管道(如上網、電話簿、商業報刊雜誌、工商名錄、朋友介紹、同行探討、廣告等)獲取供應商初步信息，並建立供應商檔案。

　　尋找供應商的信息來源如下：

1. 商品目錄

　　供應商商品目錄包含了企業所需的大部份物料信息，它是管理良

好的採購部門的必備之物。這種目錄的價值主要依賴於表達形式(企業最無法控制的一方面),其中包括物品是否已準備就緒、隨時可取,以及信息使用情況等。

商品目錄通常提供價格信息。許多物品與物料都以標準價目表所列價格售出,報價單只報折扣率。商品目錄往往是部門經理與工程人員重要的參考書。

分銷商的商品目錄從各式各樣的製造源及其報價單,到分銷商所屬領域內的各種可獲得物品目錄,無所不包。機器設備目錄則提供二手貨與新貨的供應源產品規格及地理位置信息。

目錄中的物料既編成索引,又做成文件(這可不是件容易做的事),其有效性是一個大問題。目錄規格各式各樣,裝訂也不同,不太方便攜帶。

相應的目錄索引很重要。有的企業用電腦或微縮膠片文件;有的則用文件夾,中間是專用於目錄文件歸檔的活頁;還有的用卡片索引。索引的建立一般根據供應商或產品名稱。總之,應該專業、明確、易懂。

2.行業期刊

行業期刊也是一個潛在供應商的信息源。當然,這種出版物的名單很長,出現在裏面的各種信息價值也大不相同。然而,在每一個領域中都有值得一看的行業雜誌。企業需要廣泛涉獵與自己行業,以及採購領域相關的讀物。

期刊有兩種用途,一是內容研究,它不僅能增加企業的信息量,還能介紹新產品和替代產品。行業雜誌則向人們提供供應商及其人員信息。第二種則是廣告,熟讀這種出版物中的廣告,是所有的熱心採購者自我培養起來的好習慣。

3.商業介紹

商業介紹是另一種很有用的信息源。但它們在準確性與有用性方

面差別很大，使用時必須格外地小心。

　　商業註冊簿即商業介紹，是一本大書，列出一些製造商的地址、分支機構數、從屬關係、產品等，有時還會列出這些企業的財務狀況及其在本行業中所處的地位。

　　此外，書中還會列出商標名稱與製造商名稱，並分類列示用於出售的物料、物資、設備及其它項目，每項下面則是供應源的名稱及地址。

　　商業註冊簿的分類索引做得很好，既可以按照商品名稱、製造商名稱，也可以按商標名稱查找。

　　這種標準的商業介紹有很多，儘管它們未必很專業，但確實很有用。電話號碼簿中的黃頁提供當地供應商名錄。

4. 銷售代表

　　銷售代表可能是企業能夠接觸到的最有價值的信息源之一，他們能為企業提供供應源、產品型號、商業信息等方面的參考。一個精明的企業必定在不影響其他工作的前提下，盡可能多地注意銷售代表。發展好的供應商關係非常重要，而這種關係往往始於對供應商銷售人員友好、謙遜、坦誠的態度。企業不能浪費任何一點時間，探訪之後，將電話與所獲新信息記下來。

　　有些企業以個人名義探望所有來過辦公室的銷售代表，另外一些企業由於沒時間或其他工作壓力而無法這樣做，但他們也會確保每一名來訪者受到接待，而不使其感到受了冷遇或拒絕。

二、供應商的查詢

　　企業收集了供應商信息之後，應從所收集到的信息中選擇較適合與企業長期合作的供應商進行查詢。查詢時要注意以下要點：

　　1. 查詢時應有計劃、有步驟地將企業對物料需求的有關條件提供

給對方瞭解，如：

(1)物料名稱、規格、包裝要求；

(2)品質要求及不良品處理；

(3)數量、時間；

(4)交貨地點；

(5)運輸要求及費用承擔；

(6)違約責任；

(7)付款條件；

(8)保密要求。

2.與供應商接觸過程中，應要求對方提供下列數據：

(1)企業簡介；

(2)產品範圍、名錄、規格、測試指標說明；

(3)主要供應企業；

(4)供應商評審表；

(5)價格構成表。

必要時要求提供樣品進行認定。

3.對於某些供應商可能不能或不願提供有關資訊的，採購負責人員應努力要求，不得已時方可降低要求。但數據提供不齊全的供應商可視為服務不週，在篩選時不列入考慮範圍。

4.重要或大宗的採購應向三家以上供應商進行查詢。

三、供應商的篩選

企業應將從供應商所查詢到的信息整理成供應商條件比較表，進行初步篩選，從中篩選出一批供應商以作為供應商的調查、評審與開發之用。篩選供應商應對以下因素進行綜合考慮：

(1)價格是否合理？

(2)品質能否達到公司的要求？是否具備品質保證能力？

(3)交貨是否有保障？

(4)生產能力是否符合公司要求？

(5)財務狀況是否穩定？

(6)採購條件優惠與否？

(7)技術指導的能力夠嗎？

(8)服務品質如何？

當採購項目對公司影響事關重大時或供應商地址較為鄰近，能很方便地進行考察時，採購部門應提出考察計劃，呈請批准後進行考察。

考察期間採購人員應嚴守採購紀律，不得違反。

第二節　對供應商加以調查

企業在尋找供應商的過程中，對供應商有了一定的瞭解，但這遠遠不夠，還不足以為供應商的選擇提供更多的信息，為此必須對供應商進行深入的調查。對供應商的調查是企業在選擇供應商的過程中具有實質性的一步。

對供應商的調查可以採取發放問卷、面談、要求供應商提供相關數據、對供應商工廠進行實地考察等方式，在實際操作中，往往把這些方法結合起來使用。

一、對供應商調查的資料來源

企業在對供應商進行調查時既收集第二手資料，又收集第一手資料。第二手數據就是在某處已經存在，並且是為某種目的而收集起來的信息，而第一手數據是為當前的某種特定目的(瞭解供應商情況)而收集的原始數據。

企業通常從收集第二手資料開始他們的調查工作，並據以判斷所要瞭解供應商的問題是否已部份或全部解決，以免再去收集昂貴的第一手數據。第二手數據為企業提供了一個起點和具有成本較低及得之迅速的優點。

現在，網際網路已成為最大的信息寶庫。只需很短的時間，網站將會成為採購人員瞭解供應商等採購信息的關鍵工具。這些資料在對供應商調查中是免費的或至少是收費極低的。二手數據的來源和類型多種多樣，主要分為內部來源和外部來源兩種。內部二手數據保存於企業內部，有時保存在企業信息系統的數據庫中。外部二手資料則保存在企業外部。

當企業所需要的數據不存在或現有數據可能過時、不正確、不完全或不可靠時，企業就必須收集第一手數據。常規的做法是先對一些企業作個別訪問，以獲得初步的認識，然後，根據調查結果制定正式的調查方法，調整它並把它應用於實地調查。

二、對供應商調查的內容

對供應商的調查主要有以下內容：

1. 材料供應狀況

⑴產品所用原材料的供應來源；

⑵材料的供應管道是否暢通；

⑶原材料的品質是否穩定；

⑷供應商原料來源發生困難時，其應變能力的高低等。

2. 專業技術能力

⑴技術人員素質的高低；

⑵技術人員的研發能力；

⑶各種專業技術能力的高低。

3. 品質控制能力

⑴品管組織是否健全；

⑵品管人員素質的高低；

⑶品管制度是否完善；

⑷檢驗儀器是否精密及維護是否良好；

⑸原材料的選擇及進料檢驗的嚴格程度；

⑹操作方法及制程管制標準是否規範；

⑺成品規格及成品檢驗標準是否規範；

⑻品質異常的追溯是否程序化；

⑼統計技術是否科學以及統計資料是否翔實等。

4. 管理人員水準

⑴管理人員素質的高低；

⑵管理人員工作經驗是否豐富；

⑶管理人員工作能力的高低。

5. 機器設備情況

⑴機器設備的名稱、規格、廠牌、使用年限及生產能力；

⑵機器設備的新舊、性能及維護狀況等。

6. 財務及信用狀況

⑴每月的產值、銷售額；

⑵來往的客戶；

⑶經營的業績及發展前景等。

7.管理規範制度

⑴管理制度是否系統化、科學化；

⑵工作指導規範是否完備；

⑶執行的狀況是否嚴格。

三、問卷調查

問卷調查是對供應商調查的主要方式之一。它是使用調查表來進行調查的。調查表是用於調查的最普遍的工具。一般來說，一份調查表是由向被調查者提問並請他或她回答的一組問題所組成。調查表是非常靈活的，它有許多提問的方法。調查表需要認真仔細地設計、測試和調整，然後才可大規模使用。在設計調查時，企業必須精心地挑選要問的問題、問題的形式、問題的用詞和問題的次序。具體如下：

⑴依企業本身需要設計內容及格式；

⑵確實掌握能瞭解供應商的信息；

⑶考慮供應商填寫的方便性及容易度；

⑷考慮企業對此資料應容易整理、分析與運用；

⑸易於將填寫的數據予以系統化，便於電腦化作業及管理；

⑹問卷內容應具體易懂。

調查問卷的運用如下：

⑴作為供應商評價前的參考；

⑵作為印證供應商提供信息的真實性；

⑶瞭解供應商的實力及潛能；

⑷作為制定企業採購政策的參考。

表 8-2-1 為某電腦公司對供應商的調查問卷，以供參考。

表 8-2-1　供應商調查問卷(一)

供應商＿＿＿＿＿＿＿＿＿＿＿＿＿＿＿＿＿＿＿＿＿＿＿＿

公司名稱＿＿＿＿＿＿＿＿＿＿＿＿＿＿＿＿＿＿＿＿＿＿＿＿

地址＿＿＿＿＿＿＿＿＿＿＿＿＿＿＿＿＿＿＿＿＿＿＿＿＿＿

電話＿＿＿＿＿＿＿＿＿＿＿＿　　傳真＿＿＿＿＿＿＿＿＿＿

成立日期＿＿＿＿＿＿＿＿＿＿＿＿＿＿＿＿＿＿＿＿＿＿＿＿

資本額＿＿＿＿＿＿＿＿＿＿＿＿＿＿＿＿＿＿＿＿＿＿＿＿＿

負責人＿＿＿＿＿＿＿＿＿＿＿＿＿＿＿＿＿＿＿＿＿＿＿＿＿

姓名＿＿＿＿＿＿＿＿＿＿＿＿＿　職稱＿＿＿＿＿＿＿＿＿＿

產品或服務的類別＿＿＿＿＿＿＿＿＿＿＿＿＿＿＿＿＿＿＿＿

　　生產設備＿＿＿＿＿＿＿＿＿＿＿＿＿＿＿＿＿＿＿＿＿＿

　　工廠面積＿＿＿＿＿＿＿＿＿＿＿＿＿＿＿＿＿＿＿＿＿＿

　　廠房幢數＿＿＿＿＿＿＿＿＿＿＿＿＿＿＿＿＿＿＿＿＿＿

　　廠房建築設備及層數＿＿＿＿＿＿＿＿＿＿＿＿＿＿＿＿＿

　　員工總人數＿＿＿＿＿＿＿＿＿＿＿＿＿＿＿＿＿＿＿＿＿

人員編配＿＿＿＿＿＿＿＿＿＿＿＿＿＿＿＿＿＿＿＿＿＿＿＿

　　設計工程＿＿＿＿＿＿＿＿＿＿＿＿＿＿＿＿＿＿＿＿＿＿

　　製造工程＿＿＿＿＿＿＿＿＿＿＿＿＿＿＿＿＿＿＿＿＿＿

　　研究發展＿＿＿＿＿＿＿＿＿＿＿＿＿＿＿＿＿＿＿＿＿＿

　　採購＿＿＿＿＿＿＿＿＿＿＿＿＿＿＿＿＿＿＿＿＿＿＿＿

　　生產＿＿＿＿＿＿＿＿＿＿＿＿＿＿＿＿＿＿＿＿＿＿＿＿

　　品保/品專＿＿＿＿＿＿＿＿＿＿＿＿＿＿＿＿＿＿＿＿＿＿

　　製造及品保檢驗＿＿＿＿＿＿＿＿＿＿＿＿＿＿＿＿＿＿＿

續表

工作時程_____	
小時/日_____ 班次/日_____	
工作日數/週_____	
開工百分比_____	
生產設備的狀況_____	

業務參考
　　往來銀行及其地址
_____
_____

主要客戶
　　公司名稱_____ 地址_____
　　聯絡人_____
　　公司名稱_____ 地址_____
　　聯絡人_____

填表人：	職稱：	日期：
附件		

表 8-2-2　供應商調查問卷(二)

請供應商回答下列有關貴公司的諸多事宜
1. 對本公司所購物料是否有專人負責檢驗，測試及修改？（如有，請告知其姓名及職稱） 　　姓名：　　　　　　　　　職稱：
2. 此人是否有權停止進貨，以修改本公司所購物料？
3. 貴公司是否切實瞭解並接受本公司所訂規格，且須嚴格控制品質以符合規格？
4. 是否有審核貴公司原物料供應商的正式程序？
5. 是否留有物料接收檢驗記錄及供應商審核記錄？必要時可否提供給本公司參閱？
6. 出貨前是否做最後總檢驗？
7. 是否有足夠的檢驗量具及測試設備以用於檢驗本公司所購產品是否符合規定？
8. 是否有對定期調整量具及測試設備留有記錄？
9. 是否訂有作業程序的檢核方法？當物料、工具、作業程序，或設計有重大改變時，此檢核方法是否對作業程序會重新檢核？
10. 物料、工具、作業程序，或設計有重大改變時，是否會先行通知本公司？
11. 核對總和測試記錄是否會詳盡載於產品上或隨附文件上？
12. 是否遵循所訂的程序執行核對總和測試？所訂的程序中並註明有參變數、頻率或所有儀器等。
13. 是否隨貨附有檢驗結果、檢核單或核准單？
14. 凡產品設計變更或版本更新，是否均能提出第一批樣品的檢驗報告交本公司？
15. 檢驗報告是否均留有記錄？如有必要是否可供本公司參閱？
16. 檢驗及測試程序暨日後的程序變更，是否可通知本公司查詢？
17. 貴公司是否有一常設的控制系統，以此來掌握產品品質？
一般評論

四、實地調查

企業在對供應商進行實地調查時需收集和觀察的信息如下：

· 設施和關鍵設備的使用年限；

· 研究和開發的設施；

· 技術流程與控制；

· 客戶訂貨的主要流程；

· 電子訂貨和開發票的信息系統和相容性；

· 全面品質管理原則的貫徹；

· ISO 9000 或 ISO 14000 認證；

· 進度安排和優先排序系統的自動化程度；

· 工廠作業管理優異的證據；

· 大客戶名單；

· 工會歷史和合約到期日；

· 保持原材料庫存的行為；

· 設施規模；

· 讓供應商早期參與的能力；

· 處理電子交易的技術；

· 訂單處理、流程和進度的關鍵人員責任；

· 環保程序和設施；

· 主要員工的士氣和經驗；

· 監督和檢查人員的能力；

· 預警維護程序；

· 檢測設備的口徑測定和檢查；

· 影響進度的主要系統，如 ERP，MRP，DRP；

· 工程和設計能力；

- ‧ 持續改進成本和流程方案；
- ‧ 安全保證；
- ‧ 頻繁配送小規模訂單的能力；
- ‧ 採購技能和實踐。

供應商資格認證的結果是確定一個可以接受的供應商資源清單。這些供應商有能力滿足採購需求，企業也願意向其訂貨。大多數企業都把這稱為「認可的供應商清單」。由於績效卓越，清單上的供應商可能將成為非常有價值的合作夥伴。根據績效，名單中的供應商可以分為以下幾類：有條件的、認可的、有資格的、夥伴式的。

與關鍵供應商發展進一步的關係，以支援整個供應鏈管理項目，需要企業在採購前做更深入、更詳盡的評估。

在這一過程中，應花費更多的時間進行事先的資格認證活動。

第三節　對供應商加以評審

一、對供應商評審的程序

評審供應商和做任何一次重要採購一樣，有許多共同考慮因素。企業應考慮價格、品質、供應商信譽、過去與該供應商的交往經驗、售後服務等。這整個過程就是對供應商的評審。

1. 成立評審小組

對供應商的評審，第一步應該是成立評審小組，對合格供應商的各項資格或條件進行評審。小組的成員可包括採購部門、工程部門、生產部門、品質保證部門、財務部門及公共關係部門等。必要時還可以成立供應商評審委員會。

表 8-3-1　供應商評審委員會

職　稱	擔任者	所負職責
主任委員	執行副總經理	負責督導本委員會作業全盤事宜
召集委員	採購部	負責召集本委員會作業主導工作
委　員	研發部	負責主導評審供應商有關研發技術相關事項的工作
委　員	機械設計部	負責主導評審供應商有關設計技術相關事項的工作
委　員	採購部	負責主導評審供應商有關採購配合相關事項的工作
委　員	品管部	負責主導評審供應商有關產品品管相關事項的工作
委　員	製造部	負責主導評審供應商有關生產技術相關事項的工作
委　員	產品部	負責主導評審供應商有關開發產品相關事項的工作
備　註	各單位負責執行評審人員，由負責委員指派（依評審類別特性）	

2.決定評審的項目

由於供應商之間的條件，可能互有雷同，因此，必須有客觀的評分項目，作為選拔合格供應商的依據。評審項目包括：

⑴一般經營狀況

①企業成立的歷史；

②負責人的資歷；

③登記資本額；

④財務狀況；

⑥營業證照。

⑤員工人數；

⑦完工記錄及實績；

⑧主要客戶；

⑵供應能力

①生產設備是否新穎；

②生產能量是否已充分利用；

③廠房空間是否足夠;

④工廠地點是否鄰近買方。

⑶技術能力

①技術是自行開發或依賴外界;

②有無國際知名機構進行技術合作;

③現有產品或試製樣品的技術評估;

④技術人員人數及受教育程度。

⑷管理制度的績效

①生產作業是否順暢合理,產出效率如何;

②物料管制流程是否已電腦化,生產計劃是否經常改變;

③採購制度是否能確實掌握材料來源及進度;

④會計制度是否為成本計算提供良好的基礎。

⑸品質能力

①品質管理制度的推行是否落實,是否可靠;

②有無品質管理手冊;

③是否訂有品質保證的作業方案;

④有無政府機構的評鑑等級。

3.設定評審項目的權數

針對每個評審項目,權衡彼此的重要性,分別給予不同的權數。不過,無論評審項目多少,各項目權數的總和必定是 1(100%)。然而每個評審項目的權數,在評選小組各組員之間,仍必須按其專業程度加以分配。譬如以技術能力而言,生產人員所佔的該項權數的分配比率,應該比其他組員為高。

評選小組決定了供應商的評審項目及權數後,可將供應商調查問卷送交相關供應商填寫。然後進行訪談或實地調查,並定期召集評選會議,按照供應商資格評分表進行評定的工作。

4.合格供應商的分類分級

合格供應商分類是按其供應的專業程度予以歸類，分級系將各類的合格供應商按其能力劃分等級。分類的目的是避免供應商包辦各種採購對象，預防外行人做內行事；分級的目的是防止供應商大小通吃，便於配合採購的需求，選擇適當的供應商。

通常，那些萬能的供應商最不受企業歡迎。因為他們通常並非專業供應商，只是到處承攬業務的中間商，對物品的性質或施工技術並不十分熟悉，且多在拿到訂單後，才尋找來源。一旦交貨有問題或品質出錯，經常缺乏能力解決，且極力逃避責任。換言之，在分工高度專業化的時代，每一個供應商應有其「定位」——最專精的產品或服務，因此，對供應商的分類及分級，可以避免「魚目混珠」，達到尋求最適當供應源的目的。

二、對供應商評審的管理

為對企業提供物料的供應商進行正確的評審及管理，以保證供應商提供的物料滿足企業規定的要求，企業一般要對供應商評估、選擇及管理的各項活動進行管理。

對供應商評審管理的實施執行由供應商評審委員會負責，定期對供應商進行覆核、評審；更新合格供應商名錄並提供給財務部。

1.作業流程

作業流程如圖 8-3-1。

2.作業原則

⑴原輔料採購、產品外協加工、設備採購等採購作業都需先對供應商進行評估、選擇、確定認可合格的供應商。只有經供應商評審委員會認可的合格供應商，採購人員才能同其發生採購行為。

⑵若生產急需，可經總經理或其授權人同意後，對樣品、價格、

付款方式等已被認可的供應商進行採購，供應商評審在合適時補做。

圖 8-3-1　作業流程圖

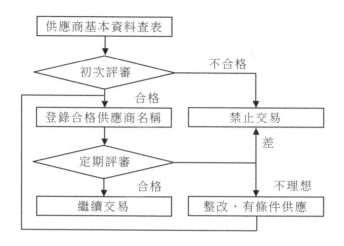

3.供應商評審委員會作業

⑴供應商評審委員會由下述委員組成：

總經理、生管部主管、技術部主管、品管部主管、資材部主管。

⑵供應商評審委員會運作：

委員會日常運作由品管部主管負責；

①按需要，對新供應商進行評估、選擇、認可；

②每半年一次對已評審供應商進行覆核、評審；

③視供應商的表現，隨時有針對性地進行覆核、評審。

委員會對供應商評估、認可或覆核，評審方式可以是：

①召集委員會成員開會討論；

②以文件、數據傳遞，由成員根據數據進行。

4.對供應商評估、認可程序

⑴由採購部門或評審委員會負責收集新供應商資料：

①資料收集方式可以是查詢、實地考察、第三者數據、商業登記

或委託驗證等；

　②以「供應商評審表」(表 8-3-2)作為供應商評估、認可審核的基本資料。

表 8-3-2　　供應商評審表

企業基本情況	企業名稱		企業性質		電　　話		
	所在地址		郵遞區號		傳真號碼		
	營業執照號碼		註冊資金		電子信箱		
	開戶銀行		賬　　號				
	稅務證號						
	法人代表		聯繫電話		業務聯繫	聯繫電話	
	現有員工人數		高中級技術人員			管理人員人　　數	
			一般技術人員				
			技　　工				
	三年產量產值實現情況	產量			產值		
		產量			產值		
		產量			產值		
設備檢測情況	提供產品名稱規格						
	主要設備名稱	規格型號	生產廠家	擁有數量	台時產量	備　　註	
	主要檢測設備	規格型號	生產廠家	擁有數量	檢測精度	備　　註	
	檢驗規範名稱及編號						
	產品質量控制	控制工序	控制方法	控制工序	控制方法		
曾獲品質榮譽							
評審意見							
評審部門		資材		品管		生管	
總 經 理審批意見							

(2)由倉庫及品管部負責提供舊供應商表現報告：

報告的重點為：以往所提供物品的品質狀況、交期、配合度、服務態度、價格競爭力等，並盡可能以具體化數據體現。

(3)供應商評審委員會依收集的數據及「供應商評審表」等對供應商進行評估、審核，原則上以過半數評估意見為最終結論，但總經理具有最終否決及批准權。

①通過。由評審委員會將供應商列入「合格供應商名單」（表8-3-3），並建檔及發放採購、倉庫、質管等相關部門。

表 8-3-3　合格供應商名單

部門：　　　　　　　編號：　　　　　　　共　頁　第　頁

序號	供應商名稱	供應商編號	評審表編號	認可供應產品名稱/種類	備註

②不通過。供應商除非作出相應改善並再次評估、審核，否則不被採用。

③待決定。資料不足、證據有疑問、在改善觀察中委員會意見發生爭執無法形成結論。必要時，待決定可由總經理作最終裁決。

(4)供應商價格競爭力、付款條件、方式等由總經理或由授權人親自評估、審核。

(5)供應商持續表現監察。

第四節　影印機供應商的業務案例

　　某集團公司的採購員陳經理，正面臨著一項困難的供應商抉擇——影印機租賃合約的競爭者最後只剩下 A 和 B 這兩家公司。A 公司給出了更為有利的報價，但是陳經理對與 A 公司以前的合作並不滿意。集團使用的 225 台影印機，其中的 100 台是根據一份 4 年期的合約從 A 影印機公司租賃的。

　　4 年前，集團與供應商 A 影印機公司簽訂了一份為期 4 年的租賃影印機合約。A 影印機公司是一家大型的跨國公司，在市場中佔主導地位，它以每次複印大約 0.07 元的投標價格獲得了合約。但在合約的執行過程中，A 公司表現得很一般，它所提供的所有影印機不僅都沒有放大功能而且不能保證及時的維修。4 年後，合約期滿，需要重新簽訂合約。在激烈的競爭和生產影印機成本的降低的背景下，B 公司提供了複印每次 0.05 元的價格。另外，B 公司提供了多種規格和適應性很強的機型，有放大、縮小等多種功能。陳經理對 B 公司比較滿意，並準備與其總經理簽訂 4 年的合約，該總經理承諾將提供關於每一台影印機的服務記錄，而且還允許陳經理決定何時更換同類型的影印機，即陳經理有權決定可隨時更換掉經常出故障的影印機。

　　在集團與 A 公司過去合作的 4 年期間，A 影印機公司曾不斷地向集團介紹 A 公司的其他系列產品，陳經理對此很反感，這是因為：(1)陳經理從事採購工作的 6 年間，A 公司曾先後更換了 13 位銷售代表；(2) 集團明確規定所有採購都要由採購總部來完成，而 A 公司的代表雖然也明知這項規定，有時卻仍直接與最終的使用者進行聯繫而不透過集團的採購總部。陳經理曾進行過招標，共收到了 19

份影印機租賃合約的投標。陳經理把範圍縮小到 5 家，其中包括 A 和 B，最後再經篩選，確定為 A 和 B 兩家公司。

淘汰其他投標者的主要理由是：(1)那些供應商缺乏供應的歷史記錄，不能滿足集團的業務要求；(2)那些供應商沒有電腦化的服務系統，也沒有計劃要安裝。這次 A 公司的投標中包括了重新裝備的影印機，並提供了與 B 公司相似的服務，而且價格竟比 B 公司還要低 20%。陳經理在考慮這些影響他短期內作出決策的因素時，感到有些憂慮：顯然 A 公司提供了一個在價格方面很有吸引力的投標，但在其他方面又會如何呢？另外，也很難根據過去的表現來確定 A 公司的投標合理性。同時，B 公司雖然是家小公司，對陳經理來說是新的供應商，沒有足夠的事實能確定它的確能提供它所承諾的服務。如果簽訂的採購合約不公平，日後勢必會出現一些消極的影響。陳經理必須權衡諸多問題，並被要求在 3 天內向採購部提出一份大家都能接受的建議。

1. 任務目標

根據集團公司與影印機供應商的租賃業務的情景，透過查閱資料(如教材、期刊、網路等)，運用供應商開發選擇及考核的知識和技能，向採購部門提出一份集團公司對選定影印機供應商的建議方案。

2. 任務分析

集團公司對原來的供應商考核分析，發現原來的供應商績效不高，透過招標方式選擇新的供應商，這是一個開發供應商的業務，對新供應商進行審核，最終研究確定建立與供應商的關係。

3. 實施步驟

(1)準備工作：對學生進行分組，5～6 人為一組，進行職業化工作的分工。

(2)教師幫助學生理清供應商開發選擇及考核的業務流程和要

求，分析供應商開發選擇及考核的操作性。

(3)收集並查閱資料，開展討論與交流；擬定集團公司對選定影印機供應商建議的方案提綱。

(4)編寫集團公司對選定影印機供應商建議的方案報告。

4.結果評價與考核

組建有學生參加的方案論證評審小組，對學生的實施過程及撰寫的「集團公司對選定影印機供應商建議的方案」的內容進行考核評價，可以將評價分為個人評價和小組評價兩個層面。對每個方案進行展示、點評(項目評價表見表 8-4-1)，選取優質方案給予表彰和推廣，對於存在的問題提出改進意見。

表 8-4-1　項目評價表

班級		小組		日期	年　月　日	
序號	評價要點		標準分	得分	總評	
1	團隊成員能相互協作		15			
2	及時完成老師佈置的任務		15			
3	小組完成老師佈置任務的品質		40			
4	小組彙報情況		30			

第五節 對供應商的監控

供應商的績效在很大程度上影響著企業的運作效率。現實情況是並不是所有供應商的績效都令人滿意，也不是所有供應商都十分合作。企業就必須根據供應商的不同表現，對他們施以不同力度的監控，有時需軟硬兼施。

一、對供應商的監控

根據供應商的不同表現，企業可採取下列方法去監控供應商：

⑴建議企業安排合適的品管或工程技術人員常駐供應商工廠，以監控供應商的生產與檢驗，並可在一定程度上作為企業的代表及時處理部份業務及品質事務。

⑵對供應商的關鍵工序進行重點關注，要求供應商提供重點工序的技術參數或關鍵工序的檢驗記錄。

⑶要求採購部工作人員或其他相關人員定期或不定期到供應商工廠進行監督檢查。

⑷要求供應商對原材料、設備、重點生產技術、生產場所等有可能影響零件的外觀、尺寸、性能等方面在變更前，須徵得企業相關人士的許可。

⑸與客戶相關人員一起對供應商進行審核與檢查。

⑹由企業資深品管或工程技術人員對供應商相關人員進行輔導，以提高供應商的生產水準及品質管理能力。

表 8-5-1、表 8-5-2 為某電子公司對供應商的監控及獎懲實施要點，以供參考。

表 8-5-1 某公司供應商監控表

項　目	考核分類	內　容	比例分數	提供資料單位	監控週期
(1)品質	20	①批數合格率 ②個數合格率	10 10	品管部	每三個月 一次
(2)交貨期限	15	①如期交貨 ②延遲5日以內 ③延遲10日以內 ④延遲10日以上	9 4 3 0	物料部	
(3)價格	15	①低於5% ②相同 ③高於5%以內 ④高於10%以內 ⑤高於10%以上	6 5 3 1 0	採購部	
(4)服務	15	①供應率 ②外包率 ③反應措施	7 3 5	生管部	
(5)技術水準	15	①機械設備 ②檢驗設備 ③工作技術	5 5 5	品管部 工程部	
(6)經營	10	①營業狀況 ②財務結構 ③員工人數	4 4 2	財務部	
(7)管理	10	①生產管理 ②品質管理 ③運輸條件 ④人事管理 ⑤物料管理 ⑥工廠佈置 ⑦安全衛生	2 2 2 1 1 1 1	生管部 品管部 物料部	

表 8-5-2　某公司供應商獎懲辦法

A. 過失扣點	點數
1. 逾期交貨20天以上而未滿30天者。	−1
2. 交貨品質與規格不符，曾有一次退貨記錄者。	−1
3. 因品質上的差異，減價收貨在合約價格1%以上而未滿2%者。	−1
4. 驗收合格收貨後，在保證期間內，如發現貨品變質或品質不符，其數量在合約總數1%以上而未滿2%，供應商願負責調換合格品者。	−1
5. 逾期交貨35天以上而未滿50天者。	−2
6. 交貨品質與規格不符，曾有兩次退貨記錄者。	−2
7. 因品質上的差異、減價收貨在合約價格2%以上而未滿4%者。	−2
8. 訂約後部份貨件欠交，解約重購願負責賠償差價者，無差價或停購者亦同。	−2
9. 驗收合格收貨後，在保證期間內，如發現貨品變質或品質不符，其數量在合約總數2%以上而未滿4%，供應商願負責調換合格者。	−2
10. 逾期交貨50天以上而未滿70天者。	−3
11. 因品質上之差異，減價收貨在合約價格4%以上而未滿6%者。	−3
12. 驗收合格收貨後，在保證期間內，如發現貨品變質或品質不符，其數量在合約總數4%以上而未滿6%，供應商願負責調換合格品者。	−3
13. 逾期交貨70天以上而未滿100天者。	−4
14. 因品質上的差異，減價收貨在合約價格6%以上而未滿10%者。	−4
15. 交貨後檢驗不合格，解約重購願負責賠償差價者，無差價或停購者亦同。	−4
16. 驗收合格收貨後，在保證期間內，如發現貨品變質或品質不符，其數量在合約總數6%以上而未滿10%，供應商願負責調換合格品者。	−4
17. 逾期交貨100天以上而未滿150天者。	−5
18. 因品質上之差異，減價收貨在合約價格10%以上而未滿15%者。	−5
19. 驗收合格收貨後，在保證期間內，如發現貨品變質或品質不符，其數量在合約總數10%以上而未滿15%，供應商願負責調換合格品者。	−5

續表

20.逾期交貨150天以上者。	-6
21.因品質上的差異,減價收貨在合約價格15%以上而未滿20%者。	-6
22.驗收合格收貨後,在保證期間內,如發現貨品變質或品質不符,其數量在合約總數15%以上而未滿20%,供應商願負責調換合格品者。	-6
23.供應商經通知比(議)價,無故不參加者。	-6
24.其他。	

B.定期停權	停權期限
1.供應商在兩年內或自最後停權處分後(以較近違約日期者為準)其過失點累計達36點(含以上者)。	6個月
2.因品質上的差異,減價收貨在合約價格20%以上者。	6個月
3.合約中規定主件不得轉包,而得標訂約後轉包他人承製圖利者。	6個月
4.驗收合格收貨後,在保證期間內,如發現貨品變質或品質不符,其數量在合約總數20%以上者。	6個月
5.得標後拒不簽約者。	1年
6.訂約後全部不交貨,解約重購願負責賠償差價者,無差價或停購者亦同。	1年
7.交貨短缺的零配件有影響整體使用者。	
8.簽約後僅部份交貨,其未交貨部份不願賠償重購差價者。	1年
9.逾期50天以上未交貨而解約重購不願賠償差價者。	3年
10.交貨後發現品質不符或偷工減料或變質損壞,在保證有效期間內不予調換或修理者。	3年
11.訂約後全部不交貨,亦不願賠償重購差價者。	3年
12.供應商對該購案承辦或有關人員,有饋贈行為經查證屬實者。	5年
13.其他。	5年

續表

C. 永久停權	
1. 賄賂，侵佔、欺詐、背信等不法行為經判處徒刑確定者。	
2. 受定期停權處分執行完畢複權後兩年之內，承購案再犯有定期停權處分者。	
3. 承制衛生藥品故意偽造品質不良者，情節重大鑑定審查屬實者。	
4. 供應商違約造成買方最大權益損失者。	
5. 供應商有操縱壟斷、串通等不法行為，經查證有顯著事實者。	
6. 其他。	
D. 廠商獎勵	加點
1. 履約實績金額達到一定金額50%者，記續優點1點。	+1
2. 履約實績金額達到一定金額者，記續優點2點。	+2
3. 履約實績金額，每遞增達一定金額50%者，每遞增記續優點1點，依此類推。	

　　(7)由倉庫、品管部具體負責供應商日常持續表現、考核評分，並體現於「供應商表現考核評分表」（表 8-5-3）上，由倉庫每月或每季定期向供應商評審委員會負責人呈報。必要時，由品管部向供應商發出異常報告，要求作出適當改善並追蹤結果。

表 8-5-3　供應商表現考核評分表

部　門：　　　　　　　　編　號：　　　　　　　　共　頁　第　頁
供應商：　　　　　　　　供應商編號：　　　　　　供應品：

序號	供應商交貨期表現			供應商交貨品質表現		
	計劃交貨日期	實際交貨日期	扣分			
1				□合格接收	□讓步接收	□批退拒收
2				□合格接收	□讓步接收	□批退拒收
3				□合格接收	□讓步接收	□批退拒收
4				□合格接收	□讓步接收	□批退拒收
5				□合格接收	□讓步接收	□批退拒收
6				□合格接收	□讓步接收	□批退拒收
7				□合格接收	□讓步接收	□批退拒收
8				□合格接收	□讓步接收	□批退拒收
9				□合格接收	□讓步接收	□批退拒收
10				□合格接收	□讓步接收	□批退拒收
11				□合格接收	□讓步接收	□批退拒收
12				□合格接收	□讓步接收	□批退拒收
13				□合格接收	□讓步接收	□批退拒收
14				□合格接收	□讓步接收	□批退拒收
15				□合格接收	□讓步接收	□批退拒收
合計	累計扣分：＿＿＿分			一次檢驗合格率＝累計合格接收批次÷合計交貨批次×100%		

交貨期表現分數＝100－累計扣分＝100－　　　＝＿＿＿（分）

交貨品質表現分數＝（一次檢驗合格率×200）－100＝

綜合表現分數＝交貨期表現分數×40％＋交貨品質表現分數×60％＝

審核/日期：　　　　　　　　制表/日期：

(8)供應商表現考核評分。每月份或每季(視供應商交貨頻次而區別)對供應商的交貨期表現及交貨品質表現進行統計、考核評分並做綜合考核評分。具體方法如下：

①交貨期表現考核評分：

$$交貨期表現分數＝100－累計扣分$$

表 8-5-4　考核評分表

交貨期情況	扣分標	總分數(月或季)
交貨期延遲3天以內	每延遲1天扣1分	
交貨期延遲5天以內	每延遲1天扣2分	100
交貨期延遲5天以上	每延遲1天扣3分	

②交貨品質表現考核評分：

$$交貨品質表現分數＝(一次檢驗合格率×200)－100$$

③綜合表現考核評分：

$$綜合表現分數＝交貨期表現分數×40\%＋交貨品質表現分數×60\%$$

二、對供應商按 ABC 級別加以考核

在規定的考核週期內，供應商管理人員需對所轄供應商進行公平、公開、公正的考核。考核過程中，由各相關部門按照「供應商考核表」上所述項目對供應商進行打分，並將打分結果傳遞至供應商管理人員。

供應商管理人員將各項考核結果進行加總，根據加總結果確定供應商級別，並對其進行處理。

1. 確定考核頻率

(1)月度考核

按月對供應商提供的產品或貨物品質與交貨情況進行檢查、評估

考核。

(2)年度考核

每年度根據「供應商月度考核表」統計供應商在考核期間（一年）的訂貨總次數、總交貨金額、品質優劣情況、退貨率、交貨延誤率、數量差錯率，以及因各種原因未能及時交貨時，是否採取了迅速、及時、合理的補救措施等。

2.供應商考核的實施

對供應商的考核由採購部負責實施，一般情況下，主要從產品品質狀況、產品交付情況、產品價格水準、服務品質與管理能力五個方面進行。

供應商在考核期內的平均分數為供應商的評級分數，滿分為 100 分。企業將供應商的考核結果分為五個級別，針對不同級別的供應商採取不同的對應政策。供應商考核工作的頻率及實施辦法如下所示。

(1)關鍵、重要材料的供應商每月考核一次，普通材料的供應商每季度考核一次。

(2)所有供應商每半年進行一次總評，評價供應商在該期間內的綜合表現，以作為獎懲依據。

(3)每年應對合格供應商進行一次復查，復查流程與供應商調查與選擇相同。當供應商在重大品質、交貨日期、價格、服務等方面出現問題時，可以隨時對其進行復查。

3.供應商表現考核評審

①供應商評審委員會依據倉庫呈報「供應商表現考核評分表」進行供應商日常評審及每半年一次覆核、評審。

②供應商評審委員會依據供應商綜合表現分數，可按表 8-5-5 決定供應商的級別及採取相應措施。

③考核評審結果：

對定為 A、B、C 級的供應商繼續採用，保留其合格供應商資格；

對 B、C 級供應商，採購人員及品管部主管共同負責對其提出改善要求，並督導及追蹤、查核；

對 D 級供應商，取消合格供應商資格，由供應商評審委員會負責將其從「合格供應商資格」中刪除；

對多次要求改善而毫無行動的供應商，供應商評審委員會可考慮取消其合格供應商資格。

表 8-5-5　決定供應商的級別及相應措施表

綜合分數	評價	級別	措　施
＞95	優秀	A	可靠的供應商，建立長期夥伴關係，必要時可在價格、付款等方面採取優惠政策
85～95	優良		
75～84	良好	B	督導改善，限量採購
60～74	及格	C	督導改善，改善前僅緊急採購時採用，須擇後備供應商
＜60	差	D	取消供應商資格，選擇新的供應商

第 9 章

採購談判的程序

第一節　採購作業的詢盤工作

　　採購作業的流程，可概略區分為詢盤工作、發盤工作、還盤工作等。

　　詢盤是企業為採購某項物料而向供應商詢問該物料交易的各項條件。在國內貿易中，詢盤一般沒有特定的詢盤對象，一般是利用報紙、廣播、電視等公開詢盤。在國際貿易中，由於距離遠、信息傳遞不方便，一般有特定的詢盤對象。

　　採購主管詢盤的目的，主要是尋找供應商，而不是洽商交易條件，有時只是對市場的試探。在急需採購時，也可將自己的交易條件稍加評述，使其儘快找到供應商，但詢盤只是詢問，還沒有正式進入採購談判，詢盤可以是口頭，也可以書面，它既沒有約束性，也沒有固定格式。

第二節　採購作業的發盤工作

　　發盤就是供應商為出售某種物料,而向企業提出採購該物料的各種交易條件,並表示願意按這些交易條件訂立合約。發盤可以由企業,也可以由供應商發出,但多數由供應商發出。

　　按照供應商對其發盤在企業接受後,是否承擔訂立合約的法律責任來區分,發盤可以分為實盤和虛盤。

1. 實盤

　　實盤是對供應商具有約束力的發盤。即表示有肯定的訂立合約的意圖,只要企業在有效期內無條件地接受,合約即告成立,交易即告達成。如果在發盤的有限期內,企業尚未表示接受,企業不能撤回或修改實盤內容。實盤一般應具備 4 項條件:

　　⑴各項交易條件要極其清楚、明確,不能存在含糊不清或模棱兩可的詞句。

　　⑵各項交易條件完備,物料品名、計量單位、價格、品質、數量、交貨期、支付方式和包裝等主要條件要開列齊全。

　　⑶無保留條件,即供應商保證按提出的各項交易條件簽訂合約、達成協議。

　　⑷規定有限期,即告知企業發盤的終止日期,這個有效期主要是約束供應商的,對企業無約束力。企業可在有限期內接受,也可不接受,甚至在不接受時,也不通知供應商的義務。同時有效期也是對供應商的一個保障,供應商只在有效期內負責,如果超過有效期,供應商將不受所發盤的約束。

　　在實盤有效期內,如出現下列情況之一,按照國際慣例即告失效,供應商可以不再受這一項實盤的約束:

⑴過時。

⑵拒絕。即企業表示「不感興趣」、「不能接受」等,則發盤的效力即告結束。如企業拒絕後,重新接受,即使是在有效期內,供應商也可不承擔原發盤的責任,只有在經過供應商確認後,交易才能成立,假如供應商對發盤內容進行還盤,原發盤也立即失效。

⑶政府法令的干預。如果供應商在發出實盤後,政府宣佈發盤中的物料為禁止進口或出口的物料,該項實盤即無效,對供應商的約束力也即告解除。

2.虛盤

虛盤指對供應商和企業都沒有約束力的發盤。對虛盤,供應商可隨時撤回或修改內容。企業如果對虛盤表示接受,還需要供應商的最後確認,才能成為對雙方都有約束力的合約。

虛盤一般有以下 3 個特點:

⑴在發盤中有保留條件,如「以原材料價格沒有變動為準」、「以我方明確確認為準」,或標註說明如「僅供參考」等。它對供應商不具有約束力,企業若要接受這一發盤,必須得到供應商的確認。

⑵發盤的內容模糊,不作肯定表示。如「價格為參考價」、「物料價格視數量多少給予優惠價」等。

⑶缺少主要交易條件。有些發盤雖然內容明確、肯定,但沒有列出必須具備的交易條件,如「價格」、「數量」、「交貨期」等也屬於虛盤性質。

作為供應商,可以發實盤,也可以發虛盤,如何選擇,要由自己的經營意圖和談判策略來決定。虛盤通常適用於企業所需物料尚未組織落實,或者對供應商不十分瞭解,而對方詢盤又很急的情況。由於對某一時間內的國外商情和市場情況不明,也可以故意發出虛盤,以作探測。使用虛盤時,一般採用「以企業最後確認為準」的形式。

第三節　採購作業的還盤工作

還盤是發盤後的又一個談判環節。還盤是指企業在接到發盤後，對發盤內容不同意或不完全同意，反過來向供應商提出需要變更內容或建議的表示。按照這一規定，在企業作出還盤時，實際上就是要求供應商答覆是否同意企業提出的交易條件，這樣供應商成了新的發盤人；其還盤成了新發盤，而原發盤人成了受盤人，原發盤人的發盤隨之失效。

需要注意，既然還盤成了新發盤，那麼，對實盤所作的法律含義和實盤的法律責任同樣適合於還盤。這一點對於已經改變了地位的原發盤人來說，具有非常重要的意義。

作為原發盤人，此時，一方面要明確自己的實盤已經失效，可不受約束了；另一方面要分析對方的還盤是實盤還是虛盤。如果接受對方的是實盤，當然要求對方履約。

另外，還要注意對方有時發來的表示，貌似還盤，其實不是還盤。這就不能表明自己的實盤失效。例如，對方提出某種希望、請求時，但在法律上不構成還盤。發盤人即使同意這些「希望」、「請求」仍不表明實盤失效。因此，發盤人一定要能判斷出對方的表示是否真正構成還盤，以避免由於判斷錯誤而發生糾紛或處於被動地位。

發盤人如果對受盤人發生的還盤提出新的意見，並再發給受盤人，叫做再還盤。

在國際貿易中，一筆交易的達成，往往要經歷多次還盤和再還盤的過程。

第四節　如何在採購談判中說服對方

當你跟談判對手為了各自的利益僵持不下時，怎麼辦？堅持，如何堅持？充分運用你的三寸不爛之舌，說服他！

在談判中，很重要的工作就是說服他人，說服常常貫穿於談判的始終。因此，從某種意義上說，談判的過程也就是一個不斷說服對方的過程。

說服，就是設法使他人改變初衷，心悅誠服地接受你的意見。在談判中能否說服對方接受自己的觀點，以及應當怎樣說服對方，從而促成談判的和局，就成了談判成功的一個關鍵。

說服他人首先要使自己的觀點具有說服力，取得他人的信任，站在他人的角度設身處地地談問題，說服用語要推敲。

1. 使你的觀點更具有說服力

在談判桌上，想在說話方面佔上風，需要比辯論會更多的技巧。總之，不管你用多少論點來支持你的立場，如果對方根本不買你的帳，那你等於白費唇舌。因此，要永遠從與對方所想的是否相吻合的這個角度，來談你要說的東西，尋找那些能被對方所接受的證明性線索，然後，就盡可能地利用它們。

如有可能，儘量使你的論點有文件作為佐證。什麼東西一旦印到紙上，就更像那麼回事兒了。如果你還能找到第三方的某些證明材料，那就更好了。

帶專家去支持你的立場。這些專家越權威越好。當然，有時你會發現人家也請了專家，來支持他們的立場，或是用以反駁你方的專家。

避免那些過分的大話或無理要求。對方更喜歡關注那些合乎實際的論點。

在對方提出來之前，自己將己方的弱項提出來，然後再用己方的強項來抵消這些弱項。例如，你可以這麼說：「正如貴方所知道的那樣，我方的價格比我方競爭對手的高些，但這是因為我們必須多花一些錢來保證更高的品質。現在請允許我談談我們的品質，就是……」這裏你所做的，等於你在對方有機會提出異議之前就有了防備。這麼做還等於問題將按你方(而不是對方)的條件解決。你能夠主動提出可能對你方不利的問題，還有助於建立對方對你的信賴，這會使你的論點更具有可信性。如果那是由對方先提出來的，情況可就不是這樣了。

如果對方後來想利用你主動提出來的這個弱項來對你進行攻擊，那麼，反擊它時，你可以這麼說：「如果我認為我方的價格偏高是沒有道理的，那我壓根兒就不會提這個問題！」

注意使你的言語與你的行為相一致，避免送出那些容易引起爭執的語言信息。例如，你不能說：「弗雷德先生，我們願意討論這個問題，花多少時間都不在乎。」而你正在做的卻是向掛鐘瞟了一眼，或開始把文件往包裹塞。

同樣，談你自己的想法時不能結結巴巴。例如，你想反駁對方所說的某件事，卻又覺得不能駁得有效果時，那你就把焦點移到別的問題上去。

選擇有利時機。例如，努力使交易在對方情緒好的時候得以做成，而絕不能是在對方用他的鞋子敲桌子的時候。

2. 站在對方的角度，設身處地地談問題

要說服對方，就要考慮到對方的觀點或行為存在的客觀理由，即要設身處地地為對方想一想，從而使對方對你產生一種「自己人」的感覺。這樣，對方就會信任你，就會感到你是在為他著想。這樣，說服的效果將會十分明顯。

3. 說話用語要推敲

一般說來，爭辯中佔有明顯優勢的一方，千萬別把話說得過死或

過硬，即使對方全錯，也最好以雙關影射之富暗示他，迫使對方認錯道歉，從而體面地結束無益的爭論。

在商務談判中，欲說服對方，用語一定要推敲。事實上，說服他人時，用語的色彩不一樣，說服的效果就會截然不同。通常情況下，在說服他人時要避免用「憤怒」、「怨恨」、「生氣」或「惱怒」這類字眼。即使在表述自己的情緒時，例如像擔心、失意、害怕、憂慮等等，也要在用詞上注意推敲，這樣才會收到良好的效果。

「不過……」是經常被使用的一種說話技巧。有一位著名的電視節目主持人在訪問某位特別來賓時，就巧妙地運用了這種技巧。

「我想你一定不喜歡被問及有關私生活的情形，不過……」這個「不過」，等於一種警告，警告特別來賓，「雖然你不喜歡」，「不過我還是要問……」在日常用語中，與「不過」同義的，還有「但是」、「然而」、「雖然如此」等等，以這些轉折詞作為提出質問時的「前導」，會使對方較容易作答，而且又不致引起反感。

「不過……」具有誘導對方回答問題的作用。那位主持人接著便這麼問道：「不過，在電視機前的觀眾，都熱切地希望能更進一步地瞭解有關你私生活的情形，所以……」被如此一問，特別來賓即使不想回答，也難以拒絕了。

4.取得他人的信任

在說服他人的時候，最重要的是要取得對方的信任。只有對方信任你，才會正確地、友好地理解你的觀點和理由。社會心理學家們認為，信任是人際溝通的「篩檢程式」。只有對方信任你，才會理解你友好的動機，否則，如果對方不信任你，即使你說服他的動機是友好的，也會經過「不信任」的「篩檢程式」作用而變成其他的東西。因此說服他人時若能取得他人的信任，是非常重要的。

有一天，作家馬克·吐溫走進一家書店，他從書架上取出一本他自己寫的書，問了價，然後對小職員說：「鑑於我出版了這本書，

我理應得到 50% 的折扣。」

　　小職員同意了。

　　「同時，我又是這本書的作者。」馬克‧吐溫說，「我應該得到優惠 50% 的折扣。」

　　小職員點頭屈從。

　　「還有，我作為這家書店店主的私人朋友。」馬克‧吐溫繼續說，「我相信你一定同意我平時通常能有的 25% 的便宜。」

　　小職員點點頭又同意了。

　　「那好吧。」馬克‧吐溫一本正經地說，「根據這些檔，我認為我理所當然可以拿走這本書，那麼，稅是多少？」

　　職員拿起筆，很快算了起來，算罷，結結巴巴地說：「我大概算了算，先生，我們應該給您這本書。除此之外，還倒欠你 37.5%。」

　　雖說是個買書笑話，但是卻是典型的得寸進尺，「一點一點啃」。就這樣，每次趕在對方報價之前提出新的條件，不動聲色地使得店主一再壓價，確實得到了非常划算的價格。

第五節　接受採購談判結果

接受是繼詢盤、發盤、還盤之後又一個重要的採購談判環節。接受，就是交易的一方在接到另一方的發盤後，表示同意。接受，在法律上稱為承諾，一項要約（發盤）經受約人有效的承諾（接受），合約才能成立，但一方的發盤或還盤一旦被對方接受，合約即告成立，交易雙方就履行合約。

構成一項有效接受應具備以下幾項基本條件：

1. 接受必須是無條件的

所謂無條件是指企業對一項實盤無保留的同意，即接受的內容必須同供應商實盤中所提出的各項交易條件嚴格保持一致。否則就不能表明為有效接受。例如，企業在向供應商表示接受時，同時又對價格、支付、運輸等主要條款以及責任範圍、糾紛處理程序等具有實質性的內容提出不同意見，則表明企業不是無條件的接受，因而不能表明是接受。

2. 接受必須在一項發盤的有效期限內表示

一般來說，逾期接受是無效的。但也要具體考慮特殊情況，如由於通信、交通等條件出現不正常事態而造成延遲；或是企業在有效期限的最後一天表示接受，而這一天恰好是供應商所在地的正式假日或非營業日，使「接受」不能及時傳到供應商的地址等。上述情況下發生的逾期接受，可以認為是有效的。

另一種情況，如果供應商同意企業的逾期接受，並立即用口頭或書面形式通知企業，那麼，此項逾期接受仍可有效。

可見，一項逾期接受是否最終有效，取決於供應商的態度。也就是說，供應商根據此項交易在當時對自己有利或無利情況，可以承認，

也可不承認，以決定此項交易可否達成。

3. 接受必須由合法的企業表示

這一點是對明確規定了特定供應商的發盤而言。一項發盤可向特定的人提出，例如，向某人、某單位或他們的代理人提出；也可向不特定的人提出，如在報刊上公開發盤。

對於向特定的人提出的發盤，接受的表示人必須是發盤指定的企業。只有指定的企業所表示的接受才構成有效接受。任何第三者對該發盤所表示接受均無法律效力，供應商不受約束。

4. 接受必須以聲明或其他行為的形式表示並傳達到供應商

受盤既表示接受，必須以一定的表示形式才能證明表示接受。以「聲明」表示，就用口頭或書面文字表示了以其他行為表示，就是按照發盤的規定或按照雙方已確定的習慣做法(慣例)的行為，例如，以支付貨款、發運貨物等形式表示接受。

接受是達成一項交易的必不可少的環節。要麼由企業表示接受使交易達成，要麼由供應商表示接受使交易達成。作為一個採購主管，是以企業身份出現與供應商洽談，必須對上述關於接受的嚴格含義非常清楚。同時在此基礎上靈活運用自己所做出的接受和應付對方所做出的接受。

第六節　採購談判的各階段過程

大多數談判都包括準備、會談、簽署協定三個主要階段，如圖 9-6-1 所示。

圖 9-6-1　談判過程圖

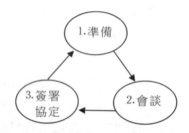

1. 準備階段

毋庸置疑，進行準備是談判最重要的階段之一，每一個小時的談判會晤，需要數小時的準備工作。這對那些高支出或高風險的重要項目的採購是非常必要的，而對那些不重要的採購談判，計劃的階段可以相應縮短。

準備階段一般包括瞭解談判的採購背景、瞭解市場和其他方面的相關信息，以及制訂談判目標和策略等。

⑴收集信息

①市場行情信息：市場價格信息，特別是供應商產品在市場中的比重、成長、新市場等；

②環境信息：影響企業採購活動的外部因素，例如經濟政策的制定、價格體系的改革、進出口政策方針的制定、價格體系的改革等；

③企業內部需求信息：企業所需原材料、零配件需用量計劃，企業計劃任務的變更，資金狀況等。

⑵確定談判目標

談判目標是指通過談判能夠得到的量化結果。公司與特定供應商談判所要達到的目標，應該同公司的總體目標以及採購職能目標完全一致。具體明確的談判目標有助於談判取得成功；盲目、含糊不清的目標將導致談判失敗。

談判目標可分為三個層次：

①最好的目標：這種目標是採購者期望通過談判所要達到的上限目標，實現這一目標難度很大；

②最壞的目標：這種目標是採購者可接受需求的最低限度，如果不能達到，談判應該有其他選擇；

③現實的目標：介於最好目標和最壞目標之間的目標。

在複雜談判中，設立目標需要週密考慮，因為這些目標通常會設計相互聯繫的變數組合，而且為目標確定一個正確的組合並不容易。談判團隊需要充分地談論最佳的變數組合。

假如供應商制定了不能滿足最低目標要求的報價，採購者就必須準備終止談判並繼續尋找其他的最佳選擇。因此，在一個特定談判的框架內應準備一些備選方案，以便這次談判失敗，採購者可以知道選擇那一個次方案來代替。

表 9-6-1　採購談判計劃表

談判目標			談判議程	談判議題	參加人員	談判策略	
最好目標	最壞目標	現實目標				實施策略	備選策略

(3)制訂談判策略

制訂談判策略,就是制訂談判的整體計劃,從而在宏觀上把握談判的整體進程。制訂談判策略,包括確定那些最有利於實現談判目標的方法。在準備階段收集到的信息,是制訂談判策略的基礎。

制訂談判策略涉及進行一系列的決策,這些決策包括:

①談判地點選擇;

②談判團隊人員組成;

③開始的立場;

④先談判什麼問題,後談判什麼問題;

⑤是單贏還是雙贏;

⑥當有特殊情況發生時的應急方案。

採購者在雙方談判之前應該把談判中可能涉及的問題思考清楚,在談判準備階段準備充分,對於下一步在真正的會談階段能夠取得預期的成果,是非常重要的。可以說,準備得越充分,得到的結果會越好。

2.會談階段

這一階段有以下特點:驗證設想、提出建議、分析取捨以及議價,達成協定並接受各方在協定中的主要責任。談判程序如圖 9-6-2 所示。

圖 9-6-2 談判程序

(1)開局階段

談判的開局階段是指談判準備階段之後,談判雙方進入面對面談判的開始階段。

談判開局階段中的談判雙方對談判尚無實質性感性認識。各項工作千頭萬緒,無論準備工作做得如何充分,都免不了遇到新情況、碰到新問題。在此階段中,談判各方的心理都比較緊張,態度比較謹慎,

都在調動一切感覺功能去探測對方的虛實及心理態度，因此，在這個階段一般不進行實質性談判，而只是進行見面、介紹、寒暄，以及談一些不是很關鍵的問題。

這些非實質性談判從時間上來看只佔整個談判程序中一個很小的部份。

從內容上看，似乎與整個談判主題無關或關係不太大，但它卻很重要，因為它為整個談判定下了一個基調。

談判開局處理不好，會導致兩種弊端：一是目標過高，使談判陷於僵局；二是要求太低，達不到談判預期的目的。

談判開局階段需要做的幾項工作包括：

①創造和諧的談判氣氛。要想獲得談判的成功，必須創造出一種有利於談判的和諧氣氛。任何談判都是在一定的氣氛下進行的。談判氣氛的形成與變化，將直接關係到談判的成敗得失，影響到整個談判的根本利益和前途。成功的談判者無一不重視在談判的開局階段創造良好的談判氣氛。談判者的言行，談判的空間、時間和地點等都是形成談判氣氛的因素。談判者應把一些消極因素轉化為積極因素，使談判氣氛向友好、和諧、富有創造性的方向發展。

②進一步加深彼此的瞭解和溝通，即在準備階段簡要瞭解的基礎上，就談判的有關問題做進一步的詢問或介紹。通過直接的詢問，對產品的品質、性能、使用情況及一些需要專門瞭解的問題獲得滿意的答覆。

③洞察對方，調整策略。在這一期間，主要是借助感覺來接受對方通過行為、語言傳遞來的信息，並對其進行分析、綜合，以判斷對方的實力、風格、態度、經驗、策略以及各自所處的地位等，為及時調整己方的談判方案與策略提供依據。

當然，這時的感性認識還僅僅是初步的，還需在以後的磋商階段加深認識。老練的談判者一般都以靜制動，用心觀察對手的一舉一動，

即使發言也是誘導對方先說，而缺乏談判經驗的人才搶先發表己見，主張觀點。實際上，這正是對方求之不得的。

如果談判者不想在談判之初過多地暴露弱點，就不要急於發表己見，特別是不可早下論斷，因為隨著談判情勢的發展，往往會使談判者陷於早下結論的被動局面。正確的策略是，在談判之初最好啟示對方先說，然後再察言觀色，把握動向。

④開局的另一項任務是共同設計談判程序，包括議題範圍和日程。

⑵摸底階段

在合作性洽談中，摸底階段雙方需要分別獨自闡述對會談內容的理解，明確希望得到那些利益，首要利益是什麼，可以採取何種方式為雙方共同獲得利益做出貢獻，以及雙方的合作前景。這種陳述要簡明扼要，將談判的內容橫向展開。

要想啟示對方先談談看法，可採取幾種策略，這樣既靈活地使對方說出自己的想法，又表示了對對方的尊重。

①徵詢對方意見，這是談判之初最常見的一種啟示對方發表觀點的方法。例如，「貴方對此次合作的前景有何評價」，「貴方認為這批原料的品質如何」，「貴方是否有新的方案」，等等。

②誘導對方發言，這是一種「開渠引水」啟示對方發言的方法。例如，「貴方不是在電話中提到過新的構想嗎？」「貴方對市場進行調查過，是嗎？」「貴方價格變動的理由是……」

③使用激將的方法。激將法是誘導對方發言的一種特殊方法，因為運用不好會影響到談判氣氛，應慎重使用。例如，「貴方的銷售情況不太好吧？」「貴方是不是對我們的資金信譽有懷疑？」「貴方有沒有建設性意見提出來呢。」在啟示對方發言時，應避免使用能使對方借機發揮其優勢的話題，否則，會使己方處於被動。

在摸底階段，不僅要注意觀察對方發言的語義、聲調、輕重緩急；還要注意對方的行為語言，如眼神、手勢、臉部表情，這些都是傳遞

某種信息的信號。優秀的談判者都會從談判對手的一舉一動中體察對方的虛實。

同時要對具體的問題進行具體的探測。在有些情況下，察言觀色並不能解決問題，這時就要進行一些行之有效的探測了。例如，若想探測對方主體資格和陣容是否發生變化，可以問：「某某怎麼沒來？」要探測對方出價的水分，可以問：「這個價格變化了吧？」要探測對方的資金情況，可以問：「貴方一定要我們付現金嗎？」要探測對方的談判誠意，可以問：「據說貴方有意尋找第三者？」要探測對方有否決策權，可以問：「貴方認為這項改變是否可以確定？」等等。此外，談判者還可以通過出示某些資料或要求對方出示某些資料等方法，來達到探測的目的。

⑶磋商階段

所有要討論的議題內容都橫向展開，以合作的方式反覆磋商，逐步推進談判內容。通過對採購商品的數量、價格、交貨方式、付款條件等各項議題的反覆討論，互相讓步，尋找雙方都有利的最佳方案。由於此階段是全部談判活動中最為重要的階段，故其投入精力最多、佔有時間最長、涉及問題最多。所以，在此階段應把握好下列幾個方面的問題：

①合理地報價、還價或提出條件

報價又稱提出條件，是指談判磋商階段開始時提出討論的基本條件。但這一階段並不是單指一方的報價，同時也指對方的還價。因此，報價、還價運用得規範、合理，關係到整個談判過程的利益得失。

先報價的有利之處在於：

第一，先行報價對談判的影響較大，它實際上是為談判劃定了一個框框或基礎線，最終協定將在此範圍內達成，例如賣方報價為 1000 元，則最終成交價一般是不會高於 1000 元。

第二，首先報價如果出乎對方的預料和設想，往往會打亂對方的

原有方案,使其處於被動地位。

先報價的不利之處在於:

第一,對方瞭解到我方的報價後,可以對他們自己原有方案進行調整,這等於使對方多了一個機會,如果我方的交易起點定得太低,他們就可以修改先準備的定價,獲得意外的收穫。

第二,先報價會給對方樹立一個攻擊的目標,他們常會集中力量攻擊這一報價,迫使報價方一步步退讓,而報價方有可能並不知道對方原先方案的報價而處於被動。

②報價應遵循的原則

第一,對賣方來講,開盤價必須是「最高的」。相應地,對買方而言,開盤價必須是「最低的」,這是報價的首要原則。

第二,開盤價必須合乎情理。雖然說對於賣方來說開盤價報價要高,但絕不是毫無根據地漫天要價,而應該是合乎情理。如果報價過高,又講不出道理,會使對方感到你沒有誠意,甚至於不予理睬,揚長而去。對於買方來說,也不能「漫天殺價」,這會使對方感到你沒有常識,而對你失去信心,或將你一一攻倒,使你陷於難堪之境。所以,無論是買方或賣方,在報價時都要有根有據,合乎情理。

第三,報價應該堅定、明確、完整,不加解釋和說明。開盤價要堅定而果斷地提出,這樣才能給對方留下認真而誠實的印象,如果欲言又止,吞吞吐吐,就會導致對方產生懷疑。

③還價策略

談判就是要對各不相同的主張和條件進行磋商。談判的磋商階段中,一方報了價,另一方就可能會還價,要還價,就要講究還價的科學性和策略性。

第一,在還價之前必須充分瞭解對方報價的全部內容,準確瞭解對方提出條件的真實意圖。要做到這一點,還價之前應設法摸清對方報價中的條件那些是關鍵的、主要的;那些是附加的、次要的;那些

是虛設的或誘惑性的。甚至有的條件的提出，僅僅是交換性的籌碼，只有把這一切弄清楚，才能提出合理的報價。

第二，準確、恰當地還價應掌握在雙方談判的協議區內，即談判雙方互為界點和爭取點之間的範圍，超過此界線，便難以使談判獲得成功。

第三，如果對方的報價超出談判協議區的範圍，與己方要提出的還價條件相差很大時，就不能草率地提出自己的還價，而應首先拒絕對方的還價。必要時可以中斷談判，給對方一個出價，讓對方在重新談判時另行報價。

這個階段，要注意雙方共同尋找解決問題的最佳辦法，當在某一個具體問題上談判陷入僵局時，應徵求對方同意，暫時繞開難題，轉換另一個問題進行磋商，以便通過這一議題的解決打開前一個問題的僵局。

這一階段，要做好談判記錄，把雙方已經同意解決的問題在適當時機歸納小結，請對方確認。

⑷簽署協定階段

談判在歷經了準備階段、開局階段、磋商階段之後，就進入了達成最終協定階段，在這一階段，總結和明確闡述所達成的協議尤其重要，這也是決定下一步的目標以及為完成協定確定角色責任的時候。記住了簽署協定階段不是工作的結束而是一種開始，除非雙方都對協定感到滿意，並清楚地瞭解協定所涉及的內容，否則遲早可能會出現問題。

一般情況下，應該尋找對雙方都公平和有效益的協議，這將是雙方所遵照執行的唯一的協定。所以，應該仔細察看任何對某一方似乎太有利的協定，它可能有一些沒有意識到的陷阱。記住一句話：「如果協議太好而顯得不真實，那麼它可能就是不真實的！」

⑸履行洽談協議

在洽談當中，最容易犯的錯誤就是：一旦達成了令自己滿意的協議就會鬆了一口氣，認為談判已經圓滿結束了。這種觀點實在有害，因為對方有時不會像你想像的那樣，義不容辭地、毫不猶豫地履行他的義務和責任。寫在紙上的協定如何完美，並不標誌協定的履行也十分完美，問題的關鍵在於協議要由人來履行它。因此，簽訂協議書是重要的，但維持協定並確保其能夠得到良好的貫徹實施更加重要。

⑹維持良好關係

當談判結束後，不能認為萬事大吉，而只能認為是暫告一段落。

談判結束的一項重要工作就是維持與對方的良好關係。在實際業務交往過程中，特別是親身參與商務談判的人員都有一個切身體驗，那就是：與某業務往來對手之間的關係，如果不積極、有意識地對其加以維持的話，就會逐漸淡化，慢慢地雙方就會疏遠起來，有時由於某些外因還會導致關係的惡化。而一旦疏遠了或者惡化了，再想重新將關係恢復到原來的水準，則需要花費很多的精力和時間，甚至比與一個新對手建立關係還要複雜，儘管如此，還有可能不能恢復到過去的友好程度。

為了以後的業務發展，對於那些已透過自己努力，並在本次談判中建立起良好關係的業務夥伴，應設法與他們保持友好關係，以免事後再花費精力和時間去重新建立，要知道重新建立比維持關係更加不經濟。

第七節　採購作業的簽訂合約

　　買賣雙方通過採購談判，一方的實盤被另一方有效的接受後，交易即達成。但在物料交易過程中，一般都可通過書面合約來確認。由於合約雙方簽字後就成為約束雙方的法律性文件，雙方都必須遵守和執行合約規定的各項條款，任何一方違背合約規定，都要承擔法律責任。因此，合約的簽訂，也是採購談判的一個重要環節。如果這一環節發生事故或差錯，就會給以後的合約履行留下引起糾紛的把柄，甚至會給交易帶來重大損失。只有對這一工作採取認真、嚴肅的態度，才能使整個採購談判達到預期的目的。

　　對這一環節工作的基本要求是：合約內容必須與雙方談妥的事項及其要求完全一致，特別是主要的交易條件都要訂得明確和肯定。擬定合約時所涉及的概念不應有歧義，前後的敍述不能自相矛盾或出現疏漏差錯等。

第 *10* 章

採購合約的管理

第一節　採購合約的起草

　　因業務需要，採購人員常常需要代表企業簽訂各式各樣的採購合約。一般情況下，採購人員可採用公司制定的標準合約文本，有時則需根據業務情況自行起草業務合約，如何起草一份完善的採購合約已成為採購人員減少業務風險的重要工作之一。

　　以採購合約為例，合約內容一般主要以條款形式呈現，分為一般條款與其他條款，主要內容包括以下八個方面，這些條款一般不能遺漏。

表 10-1-1　採購合約一般條款的內容與撰寫要求

條款項目	具體內容與撰寫要求
當事人的名稱（或姓名）與住所	· 個人姓名應與身份證一致，不能用綽號 · 個人住址應與身份證或戶口本一致，如個人常住地與身份證或戶口本中登載的位址不一致，可以用常住地的位址 · 單位要寫全稱，不能用簡稱，企業法人名稱及住址應與營業執照一致
標的	標的體現訂立合約的目的，沒有標的或標的不明確的，合約不能成立。例如，採購合約標的是貨物，在起草標的條款時，不僅要有貨物名稱，必要時還須加上貨物牌號、商標、型號、規格、品種、等級、花色、生產廠家等
數量	· 不要使用「包、箱、袋、捆、打」沒有計量標準的數量單位，若一定要使用，也要明確每「包」、每「箱」、每「袋」、每「捆」、每「打」的具體數量 · 根據標的特點，有些還需注明標的的毛重、淨重、正負誤差、合理磅差、自然減量、超欠幅度等
品質	· 要明確品質標準、品質驗收內容、對品質提出異議的期限和方式 · 要採用行業標準或企業標準的，應寫明標準的名稱、代號或編號 · 品質驗收有三種形式：按產品說明書驗收、按樣品驗收、按抽樣驗收；按產品說明書驗收的，說明書要真實、明確，包含所需技術標準和其他技術條件；按樣品驗收的，要明確對樣品的共同提取、封存和保管 · 涉及對品質提出異議的期限和方式時，法律法規有規定的，按規定執行；法律法規無規定的，要根據具體情況作出明確規定
價款或報酬	· 實行市場價格的，按公平合理原則確定價格 · 要明確單價、價格總額及履行合約的其他費用(如包裝費、包裝物回收費、保管費等)由誰來承擔 · 要明確價格計算方法、貨幣種類、支付時間和方式

續表

條款項目	具體內容與撰寫要求
履行期限、地點和方式	· 要明確交付標的和支付價款或報酬的時間 · 需分期或分批履行的，對每一期的履行期限也要作出規定 · 履行地點前要寫上省、市、縣的名稱，地名要寫準確，避免因重名或地名錯誤而造成履行錯誤 · 履行方式分為時間方式和行為方式，要根據實際情況進行選擇。時間方式分為一次履行、分期履行兩種；行為方式包括交付標的物、勞務提供和支付價款、報酬三種方式
違約責任	· 這是合約中必須具備的條款之一，其目的是促使用權當事人自覺、全面地履行合約 · 條款內容不能太籠統，一條義務就要對應一條違約責任。對於重要義務，其違約責任應較重；而對於次要義務，其違約責任也應較輕 · 法律法規對違約責任有規定的，應按規定執行；無規定的，由雙方協商承擔責任的方式和比例 · 法律法規中對違約責任比例幅度或限額有規定的，則約定的違約金或賠償金數額不得高於或低於相關規定
解決爭議方法	· 主要在仲裁和訴訟中二選一，即選了仲裁就不能選訴訟，選了訴訟就不能選仲裁 · 對於專業性比較強、雙方合作關係一直較好、涉及商業秘密、希望儘快解決爭議的合約糾紛，可以選擇仲裁 · 選擇仲裁的，必須寫明仲裁地點和仲裁機構全稱 · 選擇訴訟的，約定由己方所在地法院管轄更為有利

第二節　採購合約的說明

一、採購合約的構成

　　採購合約是指供需雙方在進行正式交易前，為保證雙方的利益，對供需雙方均有法律約束力的正式協議，有時也稱之為採購協議。採購主管應瞭解採購合約的主要條款，以利於採購談判，合約的簽訂與管理。

　　採購合約是種合約，是法人之間為實現一定目的，明確相互的權力義務關係而簽訂的書面契約。採購合約的訂立是在交易雙方自願、互利基礎上簽訂的，一經簽訂就具有法律效力，並受法律保護。

1. 開始部份

採購合約頭部主要包括以下內容：

⑴合約名稱。

⑵合約編號。

⑶採供雙方的企業名稱。

⑷簽訂地點。

⑸簽訂時間。

2. 合約正文

採購合約正文的主要內容包括：

⑴物料名稱與規格。

⑵物料數量條款。

⑶物料的品質條款。

⑷物料的包裝條款。

⑸價格條款。

⑹運輸方式。

⑺支付條款。

⑻交料地點。

⑼檢驗條款。

⑽保險。

⑾違約責任。

⑿仲裁。

⒀不可抗力等。

3. 合約尾部

採購合約尾部的主要內容包括：

⑴合約份數及生效日期。

⑵簽訂人的簽名。

⑶採供雙方公司的公章。

二、採購合約的條款

採購合約的條款其實就是採購合約正文的內容。具體如下：

1. 數量條款

數量是指採用一定的度量制度對物料進行量化，以表示出物料的重量、個數、長度、面積、容積等。

數量條款的主要內容是：

⑴交料數量。

⑵單位。

⑶計量方式。

必要時還應清楚說明誤差範圍。

2. 價格條款

價格是指交易物料每一計量單位的貨幣數值。如：一隻電容 0.5

元。

價格條款的主要內容有價格術語的選用、結算幣種、單價、總價等。具體如下：

⑴計量單位的價格金額。

⑵貨幣類型。

⑶交料地點。

⑷國際貿易術語。

⑸物料定價方式等。

3.品質條款

品質是指物料所具有的內在品質與外觀形態的綜合，包括各種性能指標和外觀造型。條款的主要內容有：

⑴技術規範。

⑵品質標準。

⑶規格。

⑷品牌名稱等。

在採購作業中，須以最明確的方式去界定物料可接受的品質標準。一般有 3 種方式來表達物料品質，第一種是用圖紙或技術文件來界定物料的品質標準；第二種用國際標準、國家標準或行業標準來界定物料的品質標準，例如，通用的螺絲等；第三種是用樣品來界定物料的品質標準，當用文字或圖示難以表達時，常用樣品來表示，樣品也可作為物料的輔助性規格，與圖紙或技術文件結合使用。

4.支付條款

支付是指採用一定的手段，在指定的時間、地點，使用確定的方式支付貨款。

⑴支付手段有：貨幣或匯票，一般是匯票。

⑵付款方式：

①銀行提供信用方式(如信用證)。

②銀行不提供信用但可作為代理（如直接付款和托收）方式。

(3)支付時間：

①預付款。

②即期付款。

③延期付款。

(4)支付地點：付款人或指定銀行所在地。

5. 檢驗條款

在一般的買賣交易過程中，物料的檢驗是指按照合約條件對交貨進行檢查和驗收，涉及品質、數量、包裝等條款。主要包括檢驗時間、檢驗機構、檢驗工具、檢驗標準及方法等。

6. 包裝條款

包裝是為了有效地保護物料在運輸存放過程中的品質和數量要求，並利於分揀和環保，把物料裝進適當容器的操作。

包裝條款的主要內容有包裝材料、包裝方式、包裝費用和運輸標誌等。具體如下：

(1)標識。

(2)包裝方式。

(3)材料要求。

(4)環保要求。

(5)規格。

(6)成本。

(7)分揀運輸標誌等。

7. 裝運條款

裝運是指把物料裝上運載工具，並運送到交料地點。

裝運條款的主要內容有：

(1)運輸方式。

(2)裝運時間。

⑶裝運地與目的地。

⑷裝運方式(分批、轉運)。

⑸裝運通知等。

在 FOB、CIF 和 CFR 合約中，供應商只要按合約規定把物料裝上船或其他運載工具，並取得提單，就算履行了合約中的交料義務。提單簽發的時間和地點即為交料時間和地點。

8. 保險條款

保險是企業向保險公司投保，並交納保險費；物料在運輸過程受到損失時，保險公司向企業提供經濟上的補償。

條款的主要內容包括：確定保險類別及其保險金額，指明投保人並支付保險費。國際慣例，凡是按 CIF 和 CIP 條件成交的出口物料，一般由供應商投保；按 FOB、CFR 和 CPT 條件成交的進口物料由採購方辦理保險。

9. 仲裁條款

仲裁條款以仲裁協議為具體體現，是指買賣雙方自願將其爭議事項提交第三方進行裁決。

仲裁協定的主要內容有：

⑴仲裁機構。　⑵適用的仲裁程序。

⑶適用地點。　⑷裁決效力等。

10.不可抗力條款

不可抗力是指在合約執行過程中發生的，不能預見的，人力難以控制的意外事故，如戰爭、洪水、颱風，地震等，致使合約執行過程被迫中斷。遭遇不可抗力的一方可因此免除合約責任。不可抗力條款的主要內容包括：

⑴不可抗力的含義。　⑵適用範圍。

⑶法律後果。　⑷雙方的權利義務等。

第三節　擬定訂單說明書

採購作業流程的初始階段是確定採購需求。企業和採購主管必須決定是自製還是外購，必須決定那些產品將由公司自己製造，那些產品將被對外轉包。採購作業是針對外購的。外購的過程是從擬定所要購買的物料說明書開始，而這些訂單說明書可能在細節上有所不同。

1. 功能規格說明

功能規格說明即物料必須滿足企業需求的功能。使用功能規格說明的優點是：

⑴潛在的供應商被給予了提供其專長的最佳機會。

⑵新技術及採購人員所不熟悉的技術會被使用。

⑶它創建了一個標準，所有的概念都將以它為對照進行評價。

2. 詳盡的技術規範

詳盡的技術規範指的是物料的技術性能和特徵，也包括由供應商完成的活動。通常，這些技術規範被詳細地繪製在技術圖紙上和用來監控供應商的活動的行動計劃中。採購人員以這種方式工作很容易導致規範說明過多，企業對物料和供應商兩方面都加以要求，則容易導致成本居高不下而功效不佳。

功能規格說明和技術規範都是訂單說明書的一部份。訂單說明書（通常是由一系列文件組成）包括下列內容：

⑴品質標準，描述物料如何交付（是否有品質證書）和物料要滿足什麼技術規範和標準。

⑵物流標準，說明所需要的數量和要求的交貨時間。

⑶維修要求，描述物料如何由供應商進行維修和服務（和將來是否需要供應備件）。

⑷法律和環境要求，決定了物料和生產流程兩方面都必須服從健康、安全和環境法規。

⑸目標預算，說明了在什麼樣的財務限制內，可能發現的由未來的供應商提出的解決方案。

總體來說，在擬定訂單說明書階段，企業的目的在於：

⑴確定明確的功能、技術、物流和維修說明書。

⑵防止使用供應商或某一品牌產品的規格說明以保持在供應商選擇的可能性上的開放性。

⑶將被核准的規格的改變用明確的程序記錄在案。

⑷確定一個明確的樣品檢查程序。

⑸確定一個明確的方法，使得買賣雙方能夠檢測產品品質。

⑹確定一個總成本分析和(或)計算方法(如果可能)，用以在稍後階段評估報價單。

第四節　採購合約的簽訂

一、採購合約的作用

採購雙方經過一系列的談判協商，最後達成有關協議，與供應商辦理合約簽訂的手續，採購合約即告簽訂。

採購合約可以清楚記載雙方的權利與義務，避免空口無憑。

採購合約的作用主要有：

1. 可確定採購雙方應履行的事項

採購行為若僅憑當事人的口頭約定，則缺乏具體的憑據。一項交易行為，如其交易內容很單純、而在短時間內即可完成交貨者，發生

問題的可能性當然不多，但是交易條件繁雜、而完成交易期限較長時，倘無書面的合約為憑，則雙方對於彼此應履行的事項，可能發生認知上的差距，所以必須訂立書面合約書，以確定雙方的權利與義務。

2.可作為解決採購糾紛的依據

合約書內會明確規定採購雙方間的權利與義務，以及發生糾紛時的解決方法。所以，一旦供應商不能依規定交貨或履行合約行為發生差異時，便可根據合約書條文，迅速採取補救之道。

3.可作為法律上的書面證據

採購行為發生糾紛，而採購雙方未能協商解決，必須訴諸法律訴訟方式時，除非合約書內容違法者外，合約書將優先被法院採納為證明文件。

4.可訂立自治條款

國外採購，採購雙方所涉及者，常是兩個或兩個以上不同國家的法律，並沒有統一的法律制度共同遵守，因此乃以當事人之間所訂立的自治條款為重要規律，作為履行合約的重要依據。譬如指明訴訟的法院所在地。

二、採購合約的談判

採購主管在開始進行採購合約談判時，一般要先彼此熟悉一下雙方，然後就合約會談的目標、計劃、進度和參加人員等問題進行討論，儘量取得一致意見，以及在此基礎上就本次合約談判的內容分別發表陳述。它是在雙方已做好充分準備的基礎上進行的。通過這種商談，可為以後具體議題的商談奠定基礎。

採購主管在這一階段，要注意營造良好的談判氣氛。並為正式合約談判做好預備工作。採購雙方應對本次合約談判的議題、議程、進度和期限等進行交談，以謀求採購雙方對合約談判進程的意見一致。

例如，採購主管可以以協商的口氣，對供應商主談人員提出有關合約談判進程方面的一些問題，例如：

「××先生，在正式合約談判之前，我們想就合約談判時間安排問題徵求您的意見。」

「××先生，我想先與您談談本次合約談判的議程問題，您看如何？」等等。

進入正式合約談判階段(或者成為實質性合約談判階段)，採購各自提出自己的交易條件，並儘量提出有說服性的理由進行磋商，爭取達到一致。當然，雙方的意見可能會存在某些分歧和矛盾，因此，合約談判往往要經過多輪。採購雙方為了解決分歧和矛盾，就必須進行討價還價，反覆進行磋商，磋商的結果要麼是企業放棄某些利益，要麼就是供應商放棄某些利益，也可以雙方進行利益交換。

在合約談判過程中，採購主管要充分闡述自己的觀點，合理地堅持自己的觀點，維護自己的利益；另一方面，也要認真聽取供應商的意見，分析他們是否真有道理，如果真有道理，就應當適當調整自己的觀點立場。這時要隨時比較自己調整後的合約與談判前的預定的合約之間的差距是否可以接受，如果不能接受，就不要輕易調整；如果能夠接受，就可以調整；如果突然之間沒有把握，就可以暫時停止合約談判，以便好好思考一下、或召集企業相關談判人員一起仔細討論一下，或者電話請示主管之後，做出決定。把決定後的合約再拿到談判桌上討論磋商。就這樣，經過一系列，反反覆覆的談判磋商，而使彼此的立場和觀點接近或趨於一致，從而雙方達成一致的協定。

在採購談判過程中，儘管採購主管應本著力求維護本企業的利益，設法讓對方讓步，但如果雙方都不讓步，合約談判就進行不下去，這就是談判破裂、失敗。如果雙方能夠逐步讓步、協調，最後大體利益均等，這便是合約談判雙方意見達成一致，談判就獲得成功，就可以結束了。

合約談判結束階段是較為輕鬆、活躍的階段，原先談判桌上的對手一下變成了親密的朋友。談判結束階段的主要任務是：儘快達成交易；簽訂書面協議或合約；談判資料的回收和整理等。

採購雙方在將要達成合約時，必然會對前幾個階段的談判進行總體回顧，以明確還有那些問題需要討論，並據此對某些重要的交易條件、目標做出最後的決定，明確企業為實現本次交易所需做出的最後讓步的限度，以及最後階段所要採用的策略和技巧，開始著手安排簽約事宜。

當採購雙方對所有的交易條件都達成共識後，雙方就可將談判結果以法律的形式確認下來，即進入採購合約的簽訂階段。在簽約前，採購雙方應當確認合約談判過程中所做書面記錄的真實性，並據此確認合約的條款。如果雙方對合約條款無異議，就可以立即進行合約的簽約事宜。

另外，在合約談判結束後，雙方還可以舉行一次告別酒會，藉以聯絡感情，保持長期的合作關係。談判結束後，雙方需要立即做的工作是：把合約談判回收整理入檔；開始履行協議的準備；談判小組進行經驗教訓的總結等。

三、採購合約的簽訂要點

採購主管在與供應商簽訂採購合約時，應注意以下要點：

⑴物料名稱、規格、數量、單價、總價、交貨日期及地點，須與請購單及決算單所列相符。

⑵付款辦法。按照買賣雙方約定的條件付款，一般付款的方式可以分為下列兩種：

①一次性付款。約定供應商將物料運抵企業經企業人員驗收合格後一次性付清。

②分期付款。依金額大小及供應期間的長短分為幾期，例如：

第一期為預訂期(訂金)，於簽訂合約並辦理保證經認可後給付，其數額以不超過採購總價的 30%為限。

第二期款，依供應進度至一半或物料運抵企業時付 40%。

第三期款(即尾款)，於物料運抵企業經驗收合格後給付；但末期應不少於工程總價的 10%為宜。

⑶延期罰款。於合約書中約定，供應商須配合企業生產進度，最遲在×月×日以前，全部送達交驗。除因天災及不可抗力的事故外，如若逾期，每天供應商應賠償企業採購金額×‰的違約金。

⑷解約辦法。於合約書中約定，供應商不能保持進度或不能符合規格要求時的解約辦法，以保障企業的權益。

⑸驗收與保修。於合約書中約定，供應商物料送交企業後，須另立保修書，自驗收日起保修一年(或幾年)，在保修期間內如有因劣質物料而致損壞者，供應商應於 15 天內無償修復，否則企業另請修理所產生的費用概由供應商負責償付。

⑹保證責任。於合約書約定，供應商應找實力雄厚的企業擔保供應商履行本合約所訂明的一切規定，保證期間包含物料運抵企業經驗收至保修期滿為止。保證人應負責賠償企業因供應商違約所蒙受的損失。

⑺其他附加條款。視物料的性質與需要而增列。例如：訂制馬達、繼電器及變壓器等類的物料，須於合約書中約定，出廠前供應商應會同企業技術人員實施各項性能試驗，合格後方可交貨。

第五節　採購合約的管理

採購主管在和供應商簽訂了採購合約後，應加強採購合約的管理。採購合約的管理主要包括採購合約的監控、修改、取消以及終止等。

採購合約的監控是採購主管的重要工作之一。其目的主要有 3 個方面：促進合約的正常執行；滿足企業的物料需求；保證合理的庫存水準。具體如下：

1.合約執行前的監控

採購主管簽訂了一份合約之後，還應考慮供應商是否樂於接受，是否及時簽訂等。

採購物料的時候，同一物料一般都有幾家供應商可供選擇。雖然每個供應商都有分配比例，但在具體操作時可能會遇到因為各種原因的拒簽現象，例如，由於時間變化，供應商可能要提出改變「認證合約條款」，包括價格、品質、貨期等。此時，採購主管應充分與供應商進行溝通；確認本次物料可供應的供應商，如果供應商按時履行合約，則說明供應商的選擇正確。如果供應商確實難以接受採購訂單，採購主管不可強逼，可以另外選擇其他供應商，必要時要求品質管理人員協助辦理。與供應商正式簽訂過的合約要及時存檔，以備後查。

2.合約執行過程的監控

與供應商簽訂的合約具有法律效力，採購主管應全力跟蹤，確實需要變更時，要徵得供應商的同意，不可獨自決斷。合約執行的監控要把握以下事項：

⑴嚴密監控供應商準備物料的詳細過程，保證合約正常執行

發現問題及時回饋，需要中途變更的要立即解決，不可貽誤時間。

不同種類的物料，其準備過程也不同，總體上可分為兩類：一類是供應商需要按照樣品或圖紙定制的物料，存在加工過程，週期長，變數多；另一類是供應商有庫存，不存在加工過程，週期短。前者監控過程比較複雜，後者相對較為簡單。

(2)緊密回應生產需求形勢

如果因市場生產需求緊急，要本批物料立即到貨，採購主管應馬上與供應商協調，必要時可幫助供應商解決疑難問題，保證需求物料的準時供應。採購主管應把供應商視為企業的戰略合作夥伴，這時正是「夥伴」出力的時候。

有時市場需求出現滯銷，企業經研究決定延緩或者取消合約供應，採購人員也應儘快與供應商進行溝通，確認可承受的延緩時間，或者中止合約的執行，給供應商賠款。

(3)慎重處理庫存控制

庫存水準在一定程度上體現採購人員的水準。既不能讓生產缺料，又要保持最低的庫存水準，這確實是一項難以對付的問題，採購主管的水準在此一見高低。當然，庫存問題與採購環境的柔性有關，這個方面反映出認證人員的水準，庫存問題也與物控人員有關。

(4)控制好物料驗收環節

物料到達規定的交貨地點，對國內供應商一般是企業倉庫，對境外交貨是企業國際物流中轉中心。境外交貨的情況下，供應商在交貨前會將到貨情況表單傳真給採購主管及相關人員，採購主管及相關人員必須按照採購合約對到貨的物料、批量、單價及總金額等進行確認，並進行錄入歸檔，開始辦理付款手續。境外交貨的常識是：境外物料的付款條件可能是預付款或即期付款，一般不採用延期付款。與供應商進行一手交錢一手交貨的方式，採購主管及相關人員必須在交貨前把付款手續辦妥。

3.合約的管理

商務採購合約是具有法律效力的文件。企業應專門成立法律顧問部門，來統一審核管理合約的簽訂和管理合約的履行，加強合約的管理也是企業提高經營管理水準的重要措施。

企業應成立一個合約管理部門，監督、檢查和指導企業合約的簽訂和履行。在具體操作上，對合約實行管理，各業務部門(主要有供銷、基建、技改等)和所屬單位(分公司、駐外機構等)作為合約二級管理單位，負責本部門、本單位的合約簽訂和履行，並向法律顧問部門通報有關合約的執行情況。

必須要建立健全企業內部的規章制度，使管理工作有章可循。企業透過建立合約管理制度，做到管理層次清楚、職責明確、程序規範，從而使合約的簽訂、履行、考核、糾紛處理都處於有效的控制狀態。

4.合約執行後的監控

採購主管應協助財務人員按合約規定的支付條款對供應商進行付款，並進行監控。合約執行完畢的條件之一便是供應商收到採購合約所約定的貨款，如果供應商未收到付款，採購主管有責任督促付款人員按照流程規定加快操作，否則會影響企業的信譽。另外，物料在使用過程中，可能會出現問題，偶發性的小問題可由採購主管或現場檢驗者聯繫供應商解決，重要的問題可由質檢人員、認證人員解決。合約監控的要點：

⑴在合約監控過程中，要注意供應商的品質、貨期的變化情況。需要對合約的條款進行修改的，要及時提醒相關人員辦理，以利於採購合約的履行。

⑵注意把採購合約，各種經驗數據的分類保存工作做好。有條件的可以採用電腦軟體管理系統進行管理，將採購合約進展狀況錄入電腦中，借助電腦自動處理跟蹤合約。

⑶供應商的歷史表現數據對採購合約的下達及跟蹤起到重要的參

考價值，因此採購主管應注意利用供應商的歷史情況決定對其實施的過程辦法。掌握供應商表現數據的多寡，是衡量採購主管經驗水準的一個指標。

第六節　採購合約的修改

一、採購合約的修改

採購合約的修改，必須為企業或供應商任何一方所提出並經雙方同意。

1.國內採購合約的修改

國內採購合約的修改常見的有交貨日期及價格修改兩種。如：

⑴在合約簽訂後，供應商因受風災影響，生產設備受損或停工待料，無法於預定進度內完工交驗；而供應商又不願受違約罰款的損失，經企業同意延期交貨，此同意文件視為合約附件之一。

⑵在生產過程中，基於事實需要，供應商的物料組成部份應增加或修改時，其供應仍由原供應商提供，此項追加或修改物料的約定亦視為合約附件之一，並辦理加減貨款手續。

⑶由於薪資及物料價格上漲，按採購合約約定的價格，供應商無法履行交貨義務，而解約重購對雙方均屬不利時，可協調修訂合約價格。

2.國外採購合約的修改

國外採購合約的修改，一般有下列 3 種常見形式。

⑴裝運期的修改。此種修改方式通常由供應商提出。由於原料短缺、延遲生產或其他原因，供應商無法於約定日期內將貨品裝運，來

函要求企業修改裝運日期。

⑵船運改空運。供應商遲延交貨的特殊急需貨品(如某機器的重要零件、醫療用品)、季節性銷售貨品等，涉及時效性貨品，必須改用空運者。

⑶一次性裝運改分批裝運。由於製造日程或船隻艙位問題，供應商無法一次將貨品裝運完成，要求企業修改允許分批裝運。

二、採購合約的取消

1.因違約而取消合約的原因
⑴供應商違約，例如所交物料不符合規格或不能按規定日期交貨而取消合約。

⑵企業違約，例如不依約定開出信用證而取消合約。此兩者皆屬不正常的取消合約。

2.因需求變更由企業要求取消合約
因市場不景氣，企業臨時決定取消部份物料的採購而取消合約，但供應商因而遭受的損失應由企業負責賠償。若以信用證方式付款並訂明供應商收到信用證若干日起為交貨時間，則在信用證尚未開出前，合約並未具體生效。故企業因需變更而尚未開出信用證之前，要求終止合約，自不須負任何賠償責任。

3.供需雙方同意取消合約
多半出於天災人禍或不可抗力因素，經調查確實而無能力履約，經雙方同意取消合約，均不負賠償責任。

三、採購合約的終止

為維護採購雙方權益，合約中得訂明有終止的措施。一般來說，

有下列兩種情形：

　　⑴合約因期間屆滿而終止，但訂明有效期間者，不另外記載合約終止日期。例如國內製造工程合約，合約期間屆滿，合約即自動消失，但承包商(賣方)對該工程的保修責任，不因合約的終止而消失。

　　⑵合約因解除條件的具備、法定解除權的行使或約定解除權的行使而終止。特說明如下：

　　①在合約有效期中，除合約另有規定外，經雙方同意，可終止合約。否則視實際需要，可要求對方賠償損失。

　　②企業因供應商所交物料有瑕疵，得解除合約或請求減少價金。但其解除權或請求權，在物料交付後 6 個月　不行使而消失。

　　③信用證規定單據提示的有效期限屆至，而供應商仍未能在有效期限內提示物料裝運文件並辦理押匯手續時，企業可以終止合約，無須負擔任何責任。

第 *11* 章

採購違約的處理

🔊))) 第一節　採購訂單的跟蹤

採購訂單業務伴隨著採購業務的全過程，它從採購計劃業務中產生，並隨著採購物料的流動而變動，是採購業務中的物流、信息流、商流、價值流的時空變動的憑證。

一、實施催貨的影響因素

催貨是對供應商施加壓力，以使其履行最初所作出的發運承諾，提前發運貨物或是加快已經延遲的訂單涉及的貨物的發運。如果供應商不能履行合約，採購方會威脅取消訂單或是取消以後可能的交易。針對未能如期交貨的採購單，我們必須催貨，實施催貨主要受到賣方、買方和其他三個方面因素的影響。

(1)賣方因素

①超過產能，未能及時生產及交貨。

②轉外包延遲時間。

③製造過程或者品質不良。

④報價錯誤。

⑤材料欠缺，待料停工而延遲生產與交貨。

⑥乏責任感造成態度不積極，無法配合買方需求。

(2)買方因素

①購備時間不足，緊急採購而造成進貨延遲。

②規格及數量臨時變更，來不及生產而未能及時供貨。

③選錯供應商，致使供應商無能力配合供貨。

④未能及時供料。

⑤催貨不積極。

(3)其他因素

①買賣雙方缺乏協助配合。

②採購方式欠妥。

③採購人員離職。

④偶發環境因素。

二、常用的催貨技巧

如果採購方對供應商的能力已經作過全面分析的話，被選出的供應商就應該是那些能遵守採購合約的可靠的供應商。對於那些不能遵守採購合約的、不可靠的供應商，必須進行及時催貨，常用的催貨技巧如表 11-1-1 所示。

表 11-1-1　常用的催貨技巧

序號	催貨技巧
1	瞭解自己：包括付款情況、訂單量情況。
2	瞭解供應商：包括供應商的生產能力、供應商的負責人的性格。
3	瞭解訂單的緊急程度。
4	瞭解與供應商的各種聯繫方式：如與接口人無法溝通，則向接口人的上級反映。
5	隨時知道自己要催貨的訂單內容。
6	對自己負責的產品要瞭解與熟悉。
7	先軟後硬。做事不用怕，還有主管在，搞不定時應及時上報，千萬不要做老好人，自己承擔。
8	說話時注意技巧。不要一開口就問：「我的貨呢？」應先聊天套個近乎。
9	發脾氣不好，催不到貨時更要把持住，鎮靜才是你需要做的。
10	催不到貨時，首先告訴你的上級而不是需求部門。
11	拿供應商沒辦法時，應交給上級處理。當然前提是你已經做了最大限度的努力。
12	異常問題必須第一時間回饋。

三、訂單跟蹤

1. 訂單跟蹤的內容

跟蹤是對訂單所作的例行追蹤，以確保供應商能夠履行其對貨物發運的承諾。如果產生諸如品質或發運方面的問題，採購方需要對此儘早瞭解，以便採取相應的行動。跟蹤一般需要經常詢問供應商的進度，有時甚至需要到供應商處走訪。為了及時獲得信息並知道結果，可透過電話進行跟蹤；有些公司會使用由電腦生成的、簡單的表格，

以查詢有關發運日期和在某一時點生產計劃完成的百分比。

2.訂單跟蹤的操作技巧

訂單跟蹤就是簽訂合約、下訂單後，應對合約執行的全部過程進行跟蹤檢查，以保證合約的正常履行。在實際訂單操作過程中，合約、需求、庫存三者之間會產生相互矛盾，突出表現為：合約難以正常執行、需求不能滿足導致缺料、庫存難以控制。能否恰當處理供需關係及緩衝餘量之間的關係是衡量訂單人員能力的關鍵指標。

(1)合約執行過程跟蹤

與供應商簽訂的合約是具有法律效力的，所以訂單人員應全力跟蹤，確保合約正常運轉。確實需要變更時，要徵得供應商同意，雙方協商解決。

(2)合約執行後跟蹤

應按合約規定的支付條款對供應商進行付款，並進行跟蹤。訂單執行完畢的條件之一就是供應商收到本筆訂單的貨款。如果供應商未收到貨款，訂單人員有責任督促付款人員加快付款，否則會影響到公司的信譽。

另外，物料在作用過程中，可能會出現問題，偶發性的小問題可由訂單人員到現場聯繫處理，重要的問題可由品質管制人員、認證人員解決。

第二節　採購違約的種類及形式

採購違約按不同標準有不同的分類。

採購違約的形式主要有供應商拒絕交貨、不適當交貨以及拒絕或遲交單證及數據。

交貨義務是供應商的義務。供應商不履行交貨義務，將使企業的採購合約目的落空或受挫。因供應商不履行交貨義務，或不適當履行交貨義務而引起的違約，是採購中的主要違約形式之一。

供應商違反交貨義務的表現主要包括：拒絕交貨，交貨的時間、地點、方式、數量、品質、包裝有瑕疵，拒絕交付提貨單證以外的有關單證和資料，交付提貨單證以外的有關單證和數據的時間、地點、方式有瑕疵等。

一、採購違約的種類

1. 重大與非重大違約

重大與非重大違約是依違約所造成損害的程度為標準的分類。

⑴重大違約

重大違約是指供需雙方不履行主要義務(如不付款與不交貨)，或者供需雙方違約的後果致使對方的採購合約目的不能實現。

重大違約與(國際貨物買賣合約公約)上的根本違約，有相似之處。重大違約是對方當事人取得單方面解約的法定事由。

⑵非重大違約

非重大違約是指除重大違約以外的違約。

非重大違約與(國際貨物買賣合約公約)上的非根本違約有相似之

處。在一方僅有非重大違約的情況下，除非當事人另有約定，對方不能因此取得解約權。

2. 實際與預期違約

實際與預期違約是依違約時合約約定的履行期限是否屆滿為標準的分類。

⑴ 實際違約

實際違約是指履行合約的期限已到，而當事人卻未履行合約義務或履行合約不符合約定。實際違約一般是簡稱違約。

⑵ 預期違約

預期違約是指履行期限屆滿前，當事人即明示他將不履行合約義務，或當事人的行為（包括作為和不作為）表明他不履行合約義務。

一方當事人預期違約的，另一方當事人可以在履行期限屆滿之前即要求其承擔違約責任，而不必等到履行期限屆滿之後。如果另一方當事人準備在履行期限屆滿之後，視預期違約方是否實際違約，再決定是否要求其承擔違約責任，那麼他就必須承擔一個風險，就是如果預期違約方在履行期限屆滿之前遭遇不可抗力，以致不履行或遲延履行合約義務的，就不能要求預期違約方承擔違約責任。

根據預期違約方是否將不履行主要債務，可將預期違約分為預期重大違約和預期非重大違約。

3. 延遲履行主要債務

即當事人在履行期限屆滿後才履行其給付義務。

延遲履行主要債務，經對方催告後，在合理期限內仍未履行，或者在合理期限屆滿之前，違約方明示或以行為表明仍將不履行主要債務，對方可以解除合約。

4. 違反其他義務

即除延遲履行主要債務以外的其他違約。包括延遲履行非主給付義務、提前履行、部份履行、不按約定的品質履行、不按約定的方式

履行，等等。

二、拒絕交貨

交貨是指供應商將貨物交由企業實際佔有，或將對貨物的佔有權轉移給企業。供應商為交貨的目的而合理地放棄對貨物的佔有，將貨物交由承運人、倉儲保管人等第三人佔有的，也屬交貨。交貨可分為現實交貨和擬制交貨兩類。

1. 現實交貨

現實交貨也稱實際交貨。是指供應商將貨物交由企業實際佔有，或為向企業交貨的目的，將貨物交由承運人、倉儲保管人等第三人佔有。

供應商為向企業交貨的目的而將貨物交由第三人佔有的，應當有合約、習慣或法律上的依據，或得到企業的要求或同意時，才具有合理性，才構成現實交貨，並在企業不知情且有理由不知情時，應依誠實信用的原則履行適當的通知義務。

2. 擬制交貨

指供應商將對貨物的佔有權轉移給企業，但並不在合約生效後實際交貨。由於擬制交貨情況下，供應商移轉對貨物的佔有權即具有交貨的效力，而供應商並不實際交貨，故擬制交貨應有合約依據或法律依據。擬制交貨可分為簡易交貨、指示交貨和佔有改定三種。

⑴簡易交貨

指在合約成立前，貨物已經由企業實際佔有。供應商不可能在合約生效後再向企業實際交貨，因此法律推定供應商在合約生效時即已完成交貨。

⑵指示交貨

也可稱為象徵性交貨，是指在貨物已由第三人實際佔有時，供應

商將提取貨物的單證等佔有權憑證，甚至所有權憑證交付給企業以轉移佔有權，或將對第三人的返還物的請求權轉讓給企業以替代實際交貨。

(3)佔有規定

也可稱為供應商保有佔有權的貨物買賣，是指企業同意供應商在貨物出售後的一定時間內繼續佔有、使用貨物，僅需將貨物所有權轉移給買受人，因此推定出供應商在將所有權轉移給企業時完成交付。

供應商拒絕交貨的表現形式如下：

⑴供應商在交貨期限屆滿以後的一段合理時間內仍未交貨，以致構成重大違約，或企業依約取得解除權的，屬拒絕交貨。供應商在交貨期限內或在交貨期限屆滿後仍未交貨的，不一定屬於拒絕交貨，也可能屬於遲延交貨。區別拒絕交貨和遲延交貨的關鍵，是看供應商不交貨的後果是否構成重大違約，或企業是否依約取得解除權。若答案是肯定的，則屬拒絕交貨，否則屬遲延交貨。

⑵供應商在交貨期限屆滿之前或之後，明確表示他將不交貨，或其狀況、行為已明顯表明他將不交貨的，屬拒絕交貨。

但是供應商在交貨期限屆滿之前預期拒絕交貨時，如果企業尚未因此採取實質性行動或改變交易安排，則供應商可採取適當的交貨方式除去其預期拒絕交貨的違約事實。然而，企業因供應商預期拒絕交貨而未履行相應義務的，不構成違約。

不論供應商在何時明確表示他將不交貨，如果企業已因此通知供應商解除合約的，則供應商不得再以交貨的方式除去其拒絕交貨的違約事實。

⑶供應商在交貨期限內未交貨，經企業催告要求在合理寬限期內交貨的，如果供應商仍未交貨，或明確表示他將不交貨，則屬於拒絕交貨。

⑷供應商在交貨期限屆滿以後的一段時間內，雖然向企業交貨，

但所交貨物或所交提單證上記載的貨物根本不是或實質上有別於合約項下貨物，且拒不交付替代物或替代單證的，屬於拒絕交貨。

應注意的是，拒絕交貨可分為自始不能交貨和利用合約詐騙兩種。供應商自始不能交貨，卻仍與企業訂立合約的，應按侵權行為予以處理；構成合約詐騙罪的，應通過刑事訴訟程序處理。

三、不適當交貨

1. 適當交貨

適當交貨主要包括以下幾種情況：

⑴在適當時間交貨

在適當時間交貨是指，供應商應當按照約定的期限交付貨物或交付提取貨物的單證。約定交付期間的，供應商可以在該交付期間內的任何時間交付。合約未約定交付期限或者約定不明確的，按協議補充的期限交付。不能達成補充協議的，按合約有關條款或交易習慣所能確定的期限交付。交付期限不能由合約條款或交易習慣確定的，供應商可以隨時交付，企業也可以隨時要求交付，但應當給對方必要的準備時間。

所謂必要的準備時間，應自供應商將收取貨物的通知送達買受人時起計算，或自企業將催告交付的通知送到供應商時起計算，其長短應視具體情況而定。

⑵在適當的地點交貨

所謂在適當的地點交貨，是指供應商應當按照約定的地點交付貨物或交付提取貨物的單證。合約未約定交付地點或者約定不明確的，按協議補充的地點交付。不能達成補充協議的，按合約有關條款或交易習慣所能確定的地點交付。交付地點不能由合約有關條款或交易習慣確定的，如果貨物需要運輸，供應商應將貨物交付給第一承運人以

運交給企業；如果貨物不需要運輸，供應商和企業訂約時知道貨物在某一地點的，供應商應當在該地點交貨；如果貨物不需要運輸，且訂約時企業不知道貨物在某一地點的，供應商應當在其訂約時的營業地交貨。

　　所謂貨物需要運輸，是指供應商需通過承運人運送，由承運人在目的地將貨物交付給企業或交付給企業通過轉讓提貨單證而指示的收貨人，至於貨運合約，由供應商負責訂立還是由企業負責訂立，對此並無影響。但是，供應商將貨物直接運往或通過承運人運往交貨地點的，則不屬貨物需要運輸。

　　通常情況下，如果合約約定由供應商送貨，或明確約定在貨物所在地或賣方營業地以外的地點交貨的，即屬貨物不需要運輸。供應商將貨物運送至交貨地點，使貨物處於可交付狀態，並向企業通知收貨前，不能算是已經交貨。

　　⑶以適當的方式交貨

　　以適當的方式交貨是指，供應商應當按照約定的方式交付貨物或交付提取貨物的單證。合約未約定交付方式或約定不明確的，按協定補充的方式交付。不能達成補充協議的，按合約的有關條款或交易習慣所能確定的方式交付。交付方式不能由合約的有關條款或者交易習慣確定的，按照有利於實現合約目的的方式交貨。

　　交貨方式是有關供應商怎樣完成交貨的問題，涉及一次交貨還是分批交貨、以何種運輸方式將貨物運交企業、是實際交貨還是擬制交貨等內容。

　　所謂有利於實現合約目的的交貨方式，在貨物買賣中即是指有利於企業實現其合約目的的交貨方式。但是企業的合約目的應是其訂約時所能合理期待的目的，並且供應商在訂約時對此已經知情或應當知情。

⑷按約定的數量交貨

按約定的數量交貨是指,供應商應當按照約定的貨物的數量基數及允許的尾差,向企業交付貨物或者交付載有約定數量的提貨單證。

⑸按適當的品質標準交貨

按適當的品質標準交貨是指,供應商應按約定的品質標準交貨。供應商提供有關貨物的品質說明的,應按該品質說明交貨。合約未約定品質的要求或約定不明確,供應商應按協議補充的品質標準交貨。不能達成補充協議的,按合約有關條款或交易習慣所能確定的品質標準交貨。貨物的品質標準不能由合約有關條款或交易習慣確定的,按國家標準、行業標準交貨;沒有國家標準、行業標準的,按通常標準或符合合約目的的特定標準交貨。在憑樣品買賣中,供應商交付貨物的品質應當與樣品及對樣品的說明相符;企業不知道樣品有隱蔽瑕疵的,即使交付的貨物與樣品相符,供應商交付的貨物品質仍應符合合約中貨物的通常標準。

⑹按適當的包裝交貨

按適當的包裝交貨是指,供應商應按約定的包裝方式交付貨物。合約未約定包裝方式或者約定不明確的,按協定補充的包裝方式交付貨物。不能達成補充協議的,按合約有關條款或者交易習慣所能確定的包裝方式交付貨物。包裝方式不能由合約條款或交易習慣確定的,按通用的方式包裝;沒有通用方式的,按足以保護貨物的包裝方式交付貨物。

包裝包括儲運包裝和銷售包裝、內包裝和外包裝、保護性包裝和裝潢性包裝。將貨物裝入適當的容器也屬於包裝。

2. 不適當交貨

不適當交貨的表現形式如下:

⑴供應商未在適當的時間交貨,包括提前交貨和遲延交貨。供應商的交貨在其他方面不適當,但自付費用予以糾正,如將不適當的包

裝換成適當的包裝、將有瑕疵的貨物調換成適當品質的貨物、將貨物由不適當的地點續運至適當的交貨地點等，因而造成交貨延遲的，應屬遲延交貨。

如果供應商未將可交付狀態的貨物置於適當的交貨地點，而是將貨物置於某一不適當地點為交付的意思表示的，則在企業拒絕受領後，若供應商將貨物續運至適當的交貨地點繼續交貨，以致延遲交貨的，則按遲延交貨處理；若供應商堅持在該不適當地點向企業交貨，最終使交貨未能完成的，則按拒絕交貨處理。如果供應商將可交付狀態的貨物置於某一地點，並通知企業直接到此地提取貨物，而在該地點提取貨物不會使企業遭受損失或不便，或是對企業有利的，則不屬違約。

⑵供應商未以適當的方式交貨，包括應一次交貨卻分批交貨、應分批交貨卻一次交貨、應安排快捷的運輸方式卻安排較慢的運輸方式將貨物交承運人運交企業等情形。

⑶供應商未按約定的數量交貨，即供應商在交貨期限屆滿時，向企業少交貨物(也即部份交貨)或多交貨物。

供應商補足缺貨造成該部份貨物遲延交付的，則該部份貨物按遲延交貨處理。

⑷供應商違反品質擔保，即供應商未按適當的品質要求向企業交貨，或供應商所交貨物料質有瑕疵。一般認為，違反品質擔保具體包括：違反價值瑕疵擔保、違反效用瑕疵擔保和違反保證三種情況。

所謂違反價值瑕疵擔保，是指供應商所交貨物在風險轉由企業承擔時，存在使貨物滅失或減少其交易價值的瑕疵。例如，批發商批發銷售給零售商的香蕉表皮已經發黑，雖肉質未變，不影響食用，但零售價格將因此減低。

所謂違反效用瑕疵擔保，是指供應商所交貨物在風險轉由企業承擔時，存在使貨物滅失或減少其使用價值的瑕疵。例如，供應商銷售

給企業的助動車的發動機燃燒不充分，尾氣排放嚴重超標，依法不能行駛用以代步。

所謂違反保證，是指供應商所交貨物在風險轉由企業承擔時，不符合供應商對貨物的性狀、品質、成分、產地、製造商、有效期等事宜特徵所作的承諾、說明、陳述，或者與企業提供的樣品、樣式不符。

⑸供應商未按適當的包裝交貨。供應商所交貨物未以適當的儲運包裝、保護性包裝方式予以包裝，導致所交貨物在企業收取時損毀、短少的，可視具體情況，按其他不適當交貨處理。例如，貨物已經受損，不符合規定的品質要求的，可按違反品質擔保處理；貨物短少的，可按少交貨處理。但若未適當包裝致使收貨時貨物毀滅，而供應商拒絕另行交貨，則應按拒絕交貨處理。

四、拒絕或遲交單證及資料

從總體上看，採購的單證和數據包括商業發票、運輸憑證、保險憑證、產品檢驗合格證、說明書、用戶手冊、操作指南、保修卡等。在國際採購中，單證和數據經常還包括領事發票、原產地證書、裝箱單、磅碼單或重要證書、品質檢驗證書、檢疫證書等。

在具體的貨物買賣中，供應商究竟應向企業交付什麼範圍的單證和資料，應根據合約約定、交易習慣和誠實信用原則予以確定。

拒絕交付單據和資料，是指供應商拒絕向企業交付其應當交付的相關單證和資料。

供應商交付單證和數據的瑕疵，致使企業的合約目的落空或嚴重受挫，構成重大違約的，屬於拒絕交付單證和資料。供應商拒絕交付提取貨物的單證，以致在指示交付的情況下構成拒絕交貨的，應按拒絕交貨處理。

遲延交付單證和資料，是指供應商未在合理的期限內及時交付單

證和資料。至於何謂合理期限，應以企業不因供應商未交付單證和資料而遭受損害或不便為限。

供應商因其他瑕疵交付單證和數據，造成遲延交付的實際後果的，如供應商發現所交單證和資料有誤，予以更換或修改，造成遲延交付，屬於遲延交付。

 # 第三節　採購違約的處理

當供應商違約後，採購部門可以採取繼續履行、解除合約、賠償損失以及採取補救措施等辦法來處理採購違約。

一、繼續履行

一方違約，另一方要求繼續履行的，實質是要求違約方依照合約實際履行。

1. 同時履行抗辯

同時履行抗辯是指在雙方當事人應當同時履行債務的情況下，一方在對方履行之前，有權拒絕向對方履行。一方在對方履行債務不符合約定時，有權拒絕向對方作相應的履行。但是，在同時履行債務的合約中，如果一方已向另一方履行或部份履行，那麼另一方應當同時，或至少在合理的期限內作相應的履行，否則便構成違約。

2. 後履行抗辯

後履行抗辯是指在當事人互負的債務有履行先後的順序時，應先履行的一方未履行的，應後履行的一方有權拒絕履行自己的債務。應先履行的一方履行債務不符合約定的，應後履行的一方有權拒絕履行

自己相應的債務。

但是，在履行有先後順序的合約時，如果應先履行的一方不是不履行，而是履行遲延，則除非履行遲延的後果致使另一方不能實現合約目的，以致另一方有權解除合約，另一方應當履行相應的債務，否則應承擔違約責任。

3.不安抗辯

不安抗辯是指應當先履行債務的當事人，有確切證據證明對方經營狀況嚴重惡化，或轉移財產、抽逃資金，以逃避債務，或喪失商業信譽，或有喪失或者可能喪失履行債務能力的其他情形，可以中止履行。但是，應當先履行債務的當事人沒有確切證據，卻輕率地中止履行的，應當承擔違約責任。應當先履行債務的當事人依法中止履行的，應及時通知對方。如果沒有履行及時通知的義務，應當對對方因此而遭受的損害負賠償責任。對方收到中止履行的通知後，在合理期限內提供適當擔保的，中止履行的一方應當恢復履行。對方收到中止履行的通知後，在合理期限內未恢復履行能力，並且未提供適當擔保的，中止履行的一方可以解除合約。

二、解除合約

解除合約作為違約處理的一種辦法，是指供應商違約後，企業直接依照法律規定或合約的約定，單方面通知供應商，使合約提前終止的情形。供應商違約，企業解除合約的，在多數情況下是對供應商的沉重打擊。因此，採購主管在解除合約應受到必要的限制和制約。具體涉及以下幾個方面：

1.解約權的取得條件

⑴供應商的違約，後果嚴重，致使不能實現合約的。

⑵供應商一方遲延履行主要債務，經催告後在合理期限內仍未履

行，或者明確表示或以其行為表明，他仍將不履行或不能在合理期限內履行。

⑶供應商預期重大違約。

⑷供應商約定或法律規定的其他可據以產生解約權的違約。

2. 解約權的行使期限和行使方式

⑴法律規定或供需雙方約定解約權的行使期限的，期限屆滿供應商不行使的，解約權消滅。

⑵若法律沒有規定且供需雙方未約定解約權行使期限，則經企業催告後，合理期限內供應商不行使解約權的，解約權消滅。至於合理期限為多長，應視具體情況而定，原則上應以經過該期限後，不行使解約權的狀態，是否會使供應商據以合理期待將繼續履行，並為此作必要的設定。

⑶企業行使解約權時，應當自通知到達供應商解除。企業主張解除合約，卻未在解約期間內向供應商發出通知，或雖發出通知，但通知未在解約期限內到達對方的，合約不能被解除。因對方有新的違約行為，可以重新取得解約權。

3. 解除合約的後果

⑴合約解除後，合約的權利義務終止。尚未履行的，終止履行。已經履行的，根據履行情況和合約性質，企業可以要求恢復原狀，採取其他補救措施，並有權要求賠償損失。

首先，合約解除後，尚未履行的權利義務歸於消滅。除非雙方同意，任何一方不得再要求繼續履行。

其次，合約解除有無溯及力，即是否可以同時解除已履行的部份，或是否可以使合約自訂立之始即被解除，須視履行情況和合約性質，由有解約權的一方自行決定。

再次，解除合約的同時，可以索賠。

⑵合約解除後，合約的權利義務雖然終止，但不影響合約結算和

清理條款的效力。此外，合約中的爭議解決條款、法律適用條款、保密條款等，也不因合約的解除而終止效力。

三、賠償損失

賠償損失作為違約的處理辦法，是指供應商因其違約而給本企業造成的損失負賠償責任。它與侵權法上的損害賠償相比，有不賠償精神損失、可以約定損失賠償額的計算方法、賠償以供應商訂約時能預見到的損失為限……等特點。

1.違約賠償的範圍

⑴違約賠償原則上應是補償性的，賠償額應相當於因違約所造成的損失，包括合約履行後可以獲得的利益。換句話來說，違約賠償就是要使企業因供應商違約而遭受的損失被填平。

⑵經營者對消費者提供商品或服務有欺詐行為的，按〈消費者權益保護法〉的規定承擔損害賠償責任，即在消費性合約中，經營者對其欺詐造成的對方的損失，應按購買商品或服務費用增加一倍予以賠償。

2.賠償額的確定方法

⑴以供需雙方約定的違約金為準，或按供需雙方約定的違約賠償額的計算方法確定。

供需雙方約定的違約金，應視為預定的違約賠償，原則上應與違約所造成的損失相當。因此，約定的違約金低於造成的損失的，當事人可以請求裁判增加；約定的違約金過高於違約造成損失的供需雙方可以請求裁判減少。不過，在實務上，當事人要確鑿地證明約定違約金低於或過分高於違約造成的損失，還應當履行債務。

當事人既約定違約金，又約定定金的，一方違約時，對方可以選擇一適用違約金或定金條款。法定的定金規則是通過處罰不履行義務的當事人，白白損失定金金額而促使合約得到履行。既然定金本身具

有懲罰性，那麼在當事人特別約定違約金可以和定金並用時，則應當承認當事人的特別約定。

⑵當事人按實際損失要求違約方承擔賠償責任，而不是按預先約定的違約金賠償額的計算方法要求違約方承擔賠償責任的，賠償額不應超過違約方訂立時預見到或應當預見到的因違約可能造成的損失。換句話來說，違約方有效益的違約，應得到適度承認。

⑶一方違約後，另一方沒有採取適當措施，致使損失擴大的，不得就擴大的損失要求賠償。因防止損失擴大而支出的合理費用，由供應商承擔。

四、採取補救措施

補救措施主要是指修理、更換、重做、退貨、減少價款或報酬等，通常是在供應商履行義務不符合約定的品質時適用。

1. 修理

如果供應商履行合約義務不符合約定的品質要求，而已經提交的貨物、定作物、工作成果是可以修理的，並且由企業修理並非不公平，則採購主管可以要求企業採取修理措施，而為修理所花費的材料、人工、交通、通信等費用應由企業負擔，因修理而使企業繼續蒙受的損失或不便，企業應給予補償。

在採購合約的違約問題上，修理僅限於交付的貨物不符合約定的品質要求，且貨物屬於加工製造有可修性的場合。

2. 更換、重做、退貨

如果供應商履行義務，嚴重不符合約定的品質要求，導致合約目的不能實現，則採購主管可以要求供應商更換、重做或退貨。在採購合約的違約問題上，更換、退貨主要是供應商承擔違約責任的形式，也可分別稱之為交付合格的替代物、拒收貨物或解除合約。在採購合

約的違約問題上，不存在重做的問題。

應當注意的是，當供應商交付的貨物品質有嚴重瑕疵，構成重大違約時，才能要求供應商更換貨物或接受退貨。如果未構成重大違約，則可要求修理、降價並索賠。

3.減少價款或報酬

如果供應商履行合約義務不符合約定的品質要求，不論是否構成重大違約，採購主管均可要求減少價款或報酬，並索賠。

在採購合約的違約問題下，減少價款適用於供應商交貨不符合約定的品質、包裝的場合。

4.供應商自負費用、主動補救

如果供應商違約後，及時地自負費用，對不符合合約之處主動進行補救，則應允許。除非這種主動補救於事無補，或與企業已在先提出的要求相抵觸，或將給企業造成不合理的損失。

第四節　不同違約形式的處理

一、拒絕交貨的處理

針對拒絕交貨、不適當交貨等採購違約形式，採購主管應採取與之相對應的處理措施。

在供應商拒絕交貨構成違約時，採購主管可以採取以下辦法處理並追究供應商的違約責任：

1.繼續履行

供應商拒絕交貨的，採購主管可以要求供應商交貨。但供應商在法律上或事實上不能交貨的，或者交貨費用過高的，或者企業在合理

期限內未要求交貨的，企業不能要求繼續履行。然而，採購主管仍然可以追究供應商的其他違約責任。

此外，如果合約約定供應商不在某一時間以前交貨，採購主管就將解除合約，或者採購主管在催告供應商交貨的通知中聲明，若供應商在寬限期內仍不交貨，採購主管就將解除合約，則採購主管只能解除合約並索賠，而不能要求繼續履行。

2. 更換或交付替代物

供應商所交貨物或所交提貨單證上記載的貨物，根本不是或實質上有別於合約項下的貨物的，採購主管可以要求供應商更換貨物或交付符合約定的替代貨物。

更換貨物或交付替代物，實質上是繼續履行的變種，因此，其適用的限制條件與繼續履行應當相同。

3. 解除合約

供應商拒絕交貨的，採購主管可以以通知供應商的方式行使解除權以解除合約。但採購未在法律規定或合約約定的解除權行使期限內行使解除權，或在法律沒有規定且合約沒有約定解除權行使期限的情況下，未在供應商催告後的合理期限內行使解除權的，供應商可以拒絕採購主管解除合約。但供應商拒絕採購主管解除合約的方式應以履行交貨義務為限，而不能一面拒絕交貨，一面拒絕採購主管解除合約。並且，採購主管喪失解除權的，不影響企業要求追究其他違約責任的權利。

採購主管在法定的或約定的或合理的期限內行使解除權，是指採購主管在該期限內將解除合約的意思通知到供應商。但由於供應商的原因未能通知到的除外。

此外，因採購主管拒絕交付貨物而解除合約的，解除合約的效力及於從物，但因供應商拒絕交付從物而解除合約的，解除的效力不及主物。數物買賣中，供應商拒絕交付一物的，採購主管可以就該物解

除，但該物與他物分離，使貨物的價值顯受損害的，採購主管可以就數物解除合約。分批交貨買賣中，供應商對其中一批拒絕交貨的，採購主管可以就該批貨物解除；供應商拒絕交付其中一批貨物，致使今後各批的交貨不能實現合約目的的，採購主管可就該批及今後其他各批貨物解除；採購主管如果就其中一批貨物解除，而該批貨物與其他各批貨物相互依存的，可以就已經交付和未交付的各種貨物解除。

4. 賠償損失

供應商拒絕交貨使企業遭受損失的，採購主管有權要求供應商賠償損失。企業要求賠償損失的權利，不因企業追究供應商的其他違約責任而喪失。

二、不適當交貨的處理

1. 供應商提前交貨，企業收取貨物，但企業因此而增加費用支出的，採購主管可以要求供應商賠償。

供應商提前交貨的，採購主管可以拒絕提前收取貨物，但提前交貨不損害企業利益的除外。

2. 供應商遲延交貨，企業收取貨物，但企業因此而遭受損害的，採購主管可以要求供應商賠償。

供應商遲延交貨，已構成重大違約，致使企業取得解除權的，採購主管可以拒絕收取供應商遲延交付的貨物。因企業拒絕收取遲延交付的貨物，致使供應商未能完成交貨的，應按拒絕交貨追究供應商的違約責任。

供應商雖遲延交貨，但未構成重大違約的，採購主管不得拒絕收取貨物，不得單方面行使解除權，但合約另有約定的除外。簡單的說，原則上供應商遲延交貨的，採購主管可以索賠，但不能解除合約。

3. 供應商未在適當的地點交貨，企業仍然收取貨物，但企業因此

而遭受損害或增加費用支出的，採購主管可以要求供應商賠償。

供應商未在適當地點交貨，遭到企業拒收後，將貨物續運至適當的地點繼續交貨致使遲延交貨的，按遲延交貨承擔違約責任；供應商堅持不將貨物續運至適當的地點向企業交付，而企業也堅持拒收，致使交貨未完成或不能完成的，供應商應按拒絕交貨承擔違約責任。

供應商雖未在適當的地點交貨，卻並不損害企業利益的，採購主管不得拒絕收貨。

4.供應商未以適當的方式交貨，企業仍然收取貨物，但企業因此而遭受損害或增加費用支出的，採購主管可以要求供應商賠償。供應商交貨方式不當，致使企業的合約目的不能實現或嚴重受挫的，採購主管可以要求解除合約、拒絕接受貨物，並可索賠。在貨物已被運送至企業時，即使企業可以拒絕接受貨物，但採購主管仍應暫收貨物並妥為保管，而因此發生的費用應由供應商負擔。

5.供應商少交貨物，企業仍然收取所交的部份貨物，但企業因此增加費用支出的，採購主管可以要求供應商賠償。

供應商就少部份的貨物予以補足，但構成遲延交付的，就該部份遲延交付，採購主管可以以遲延交貨為由向供應商索賠。供應商就少部份的貨物未再交付的，採購主管就該部份貨物可以以拒絕交貨為由解除合約，或要求繼續履行並賠償。

供應商部份交貨，不損害企業利益的，不屬違約，採購主管既不能拒絕收取貨物，也不能索賠。

6.供應商多交貨物，企業仍然收取多交的部份貨物，但企業因此增加費用支出，並且供應商因此避免損失的，採購主管可以要求供應商賠償，賠償額應以兩者中較低的金額為宜。不過，企業仍應按合約的價格支付貨款。

供應商多交貨物的，採購主管可以拒絕接收多交的部份，但應及時通知供應商。

7.供應商違反品質擔保的，如果貨物必須由供應商予以修理，由可以要求供應商修理並賠償損失，或者要求減少價款並賠償損失；如果貨物由供應商以外的人修理更為合理，則採購主管可以要求供應商負擔修理費用並賠償損失，或者要求減少價款並賠償損失；如果貨物無法修理，則可以要求更換並賠償損失，或者要求減少價款並賠償損失。

供應商違反貨物的品質擔保，致使企業的合約目的不能實現或嚴重受挫的，或者在採購主管要求更換而拒不更換的，應按供應商拒絕交貨追究其違約責任。

8.供應商未按適當的包裝交貨的，採購主管可以要求供應商更換包裝並索賠，或者要求降低價款並索賠。

供應商未按適當的包裝交貨，致使企業的合約目的不能實現或嚴重受挫的，或者導致貨物損毀、減少，卻拒絕重新交貨或補足數量的，應按供應商拒絕交貨追究其違約責任。

第 *12* 章

採購作業的成本管理

第一節　採購成本的構成

　　狹義的採購成本是指因採購而帶來的或引起的成本，它不僅僅是指訂購活動的成本費用（包括取得物料的費用，訂購業務費用等），還包括因採購而帶來庫存維持成本及因採購不及時而帶來的缺料成本，但它不包括物料的價格。

一、訂購成本

　　訂購成本是指向供應商發出採購合約訂單的成本費用。具體來說，訂購成本是指企業為了實現一次採購而進行的各種活動的費用，如辦公費、差旅費、郵資、電報電話費等支出。

　　訂購成本中有一部份與訂購次數無關，如常設採購機構的基本開支等，稱為訂購的固定成本；另一部份與訂購的次數有關，如差旅費、郵資等，稱為訂購的變動成本。更詳細地說，訂購成本包括與下列活

動相關的費用：

⑴檢查存貨水準。

⑵編制並提出採購申請。

⑶對多個供應商進行調查比較，選擇最合適的供應商。

⑷填寫並發出採購單。

⑸填寫、核對收貨單。

⑹結算資金並進行付款。

訂購成本和持有成本隨著訂購次數或訂購規模的變化而呈反方向變化。起初隨著訂購批量的增加，訂購費用的下降比持有成本的增加要快，即訂購成本的邊際節約額比持有成本的邊際增加額要多，使得總成本下降。當訂購批量增加到某一點時，訂購成本的邊際節約額與持有成本的邊際增加額相等，這時總成本最小。此後，隨著訂購批量的不斷增加，訂購成本的邊際節約額比持有成本的邊際增加額要小，導致總成本不斷增加。

總之，隨著訂購規模和持有成本的增加，而訂購成本降低，使總的訂購成本線呈 U 形。

二、維持成本

維持成本一般佔據了採購成本的大部份。維持成本是指為保持物料而發生的成本，它可以分為固定成本和變動成本。固定成本與存貨數量的多少無關，如倉庫折舊、倉庫員工的固定月薪資等；變動成本與持有數量的多少有關，如物料資金的應計利息、物料的破損和變質損失、物料的保險費用等。以下重點介紹其變動成本的構成及其所佔比例。

維持成本是根據平均物料價值估算持有成本百分比而產生的財務支出。例如，假定持有成本為 20%，年物料成本為 1000 萬元的企業，

其平均物料維持成本為 200 萬元(20%×1000 萬元)。雖然維持成本的計算方法顯而易見，但要確定適當的持有成本百分比並不是輕而易舉的事。

　　確定持有物料的成本需要從管理上作出判斷、估算平均存貨水準、評估與存貨有關的各種費用，以及在一定程度上需要直接進行測量。傳統上包括在持有物料成本賬目中的項目有：資本成本、保險、陳舊、儲存和稅金。

　　年持有成本一般在 20%左右，但是它的範圍可以從 9%～50%，主要取決於企業的存貨政策。持有成本百分比是根據每一個存貨單位(SKU)或配送地點的平均存貨價值評估出來的。由此產生的持有成本就能夠與其它的採購成本構成進行優選，以便最後確定採購成本的管理政策。

　　表 12-1-1 說明了持有成本構成的百分比和對一些企業來說所具有的含義和範圍。

表 12-1-1　維持成本構成

要　　素	平均數(%)	範圍(%)
資本成本	15.00	8～40
稅　　金	1.00	0.5～2
保　　險	0.05	0～2
陳　　舊	1.20	0.5～2
儲　　存	2.00	0～4
總　　計	19.25	9～50

三、缺料成本

　　採購成本中另一項主要成本是因採購不及時而造成的缺料成本，它是指由於物料供應中斷而造成的損失，包括停工待料損失、延遲發貨損失和喪失銷售機會損失(還應包括商譽損失)，如果損失客戶，還

可能為企業造成間接或長期損失。

1. 保險及其成本

許多企業都會考慮保持一定數量的存貨,即緩衝存貨以防在需求或提前期方面的不確定性。但是困難在於確定的任何時候需要保持多少保險存貨,存貨太多意味著多餘的庫存,而存貨不足則意味著斷料、缺貨或失銷。

企業保持若干存貨,是為了在需求率不規則或不可預測的情況下,也有能力保證供應。之所以準備這些追加存貨,是要不失時機地為生產及內部需要服務,以保證企業長期效益。

存貨的維持成本計算有兩點需要指出:存貨的風險更大,比週轉存貨的儲存成本要高;其次,保險存貨水準的決策涉及概率分析。

2. 延期交貨及其成本

延期交貨可以有兩種形式:或者缺貨可以在下次規則訂貨中得到補充;或者利用快速延期交貨。如果客戶願意等到下一個週期訂貨,那麼企業實際上沒有什麼損失。但如果經常缺貨,客戶可能就會轉向其他企業。

如果缺貨延期交貨,那麼就會發生特殊訂單處理和送貨費用。對於延期交貨的特殊訂單處理費用,相對於規則補充的普通處理費用要高。由於延期交貨經常是小規模裝運,送貨費率就會相對要高,而且,延期交貨可能需要長距離運輸。另外,可能需要利用快速、昂貴的運輸方式運送延期交貨的貨物。因此,延期交貨成本可根據額外訂單處理費用和額外運費用來計算。

3. 失銷成本

儘管客戶允許延期交貨,但是仍有客戶會轉向其他企業。當企業沒有客戶所需的貨物時,客戶就會從其他企業訂貨,在這種情況下,缺貨導致失銷。對於企業的直接損失是這種貨物的利潤損失。這樣,可以通過計算貨物利潤乘上客戶的訂貨數量來確定直接損失。

⑴除了利潤損失，還包括當初負責這筆業務的銷售人員的人力、精力浪費，這就是所謂的機會損失。

⑵很難確定在一些情況下的失銷總量。例如，客戶打電話詢問是否有貨，在這種情況下，客戶只是詢問是否有貨，並未指出要訂多少貨，如果這種產品沒貨，那麼客戶就不會說明需要多少，對方也就不會知道損失的總量。

⑶很難估計一次缺貨對未來銷售的影響。

4. 失去客戶的成本

由於缺貨而失去客戶，也就是說，客戶永遠轉向另一家企業。如果失去了客戶，企業也就失去了未來一系列收入，很難估計這種缺貨造成的損失，需要用管理科學的技術以及市場行銷研究方法來分析和計算。除了利潤損失，還有由於缺貨造成的信譽損失。信譽的難度量，在採購成本控制中常被忽略，但它對未來銷售及客戶經營活動非常重要。

第二節　採購成本的基礎工作

1. 建立嚴格的採購制度

建立嚴格完善的採購制度，不僅能規範企業的採購活動、提高效率、杜絕採購人員的不良行為。採購制度規定物料採購的申請、授權人的權限、物料採購的流程、相關部門的責任和關係、各種材料採購的規定和方法、報價和價格審批等。

例如，可在採購制度中規定採購的物品要向供應商詢價、列表比價，然後選擇供應商，並把所選的供應商及其報價填在請購單上；還可規定超過一定金額的採購須附上三個廠商的書面報價等，以供財務

部門或內部審計部門稽核。

2.建立供應商檔案和准入制度

對正式供應商要建立檔案，供應商檔案除有編號、詳細聯繫方式和位址外，還應有付款條件、交貨條款、交貨期限、品質評級、銀行帳號等，每一個供應商檔案應經嚴格的審核才能歸檔。企業的採購必須在已歸檔的供應商中進行，供應商檔案應定期或不定期地更新，並有專人管理。同時要建立供應商准入制度，重點材料的供應商必須經質檢、物料、財務等部門聯合考核後才能進入供應商檔案。如有可能要實地到供應商生產地考核。企業要制訂嚴格的考核程序和指標，要對考核的問題逐一評分，只有達到或超過評分標準者才能成為歸檔供應商。

3.建立價格檔案和價格評價體系

採購部門要對所有採購材料建立價格檔案，對每一批採購物品的報價，首先與歸檔的材料價格進行比較，分析價格差異的原因。如無特殊原因，原則上採購的價格不能超過檔案中價格水準，否則要作出詳細的說明。對於重點材料的價格，要建立價格評價體系，由公司有關部門組成價格評價組，定期收集有關的供應價格信息，來分析、評價現有的價格水準，並對歸檔的價格檔案進行評價和更新。這種評議視情況可以一個季或半年進行一次。

4.建立材料標準採購價格，對採購員工作業績進行獎懲

對所重點監控的材料應根據市場的變化和產品標準成本定期定出標準採購價格，促使採購人員積極尋找貨源，貨比三家，不斷地降低採購價格。標準採購價格亦可與價格評價體系結合起來進行，並提出獎懲措施，對完成降低公司採購成本任務的採購人員進行獎勵，對沒有完成採購成本下降任務的採購人員，分析原因，確定對其懲罰措施。

第三節　採購成本的控制方式

一、定量訂購控制法

　　採購成本控制的基本方法是以單個企業的採購活動為控制對象，它們所控制的只是採購次數及庫存數量。這些方法主要有定期訂購控制法、定量訂購控制法、ABC 分類控制法、經濟批量訂購控制法以及經濟生產量控制法等。

　　所謂定量訂購控制法是指，當物料存量下降到預定的最低存量(訂購點)時，按規定數量(一般以經濟批量 EOQ 為標準)進行訂購補充的一種採購成本控制方法。當物料存量下降到訂購點(也稱為再訂購點)時，馬上按預先確定的訂購量(Q)發出物料訂單採購，經過訂購間隔期(LT)，收到訂貨，庫存水準上升。採用定量訂購方法必須預先確定訂購點和訂購量。

　　通常，訂購點的確定主要取決於需求率和訂購、到貨間隔時間兩個要素。在需求固定均勻和購備時間不變的情況下，不需要設定安全存量，訂購點由下式確定。

$$R = LT \times D/365（其中 D 代表每年的需要量）$$

　　當需求發生波動或 LT 代表購備時間，購備時間是變化的情況，訂購點的確定方法較為複雜，且往往需要安全存量。

　　訂購量通常依據經濟批量方法來確定，即以總庫存成本最低時的經濟批量(EOQ)為每次訂購時的訂購數量。

　　如圖 12-3-1 是定量訂購控制法的作業程序。

　　定量訂購控制法的優點是：由於每次訂購之前都要詳細檢查和盤點庫存(看是否降低到訂購點)，能及時瞭解和掌握庫存的動態。因每

次訂購數量固定，且是預先確定好了的經濟批量，方法簡便。

　　這種控制方法的缺點是：經常對庫存進行詳細檢查和盤點工作量大且需花費大量時間，從而增加了庫存保管維持成本。

　　該方法要求對每個品種單獨進行訂購作業，這樣會增加訂購成本和運輸成本。定量訂購控制法適用於品種數目少、但佔用資金大的 A 類物料。

圖 12-3-1　　定量訂購控制法的作業程序示意圖

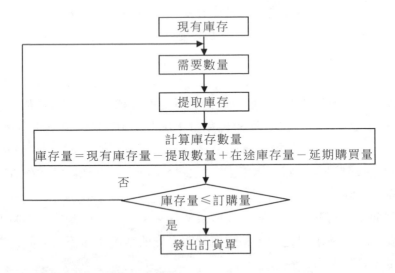

二、定期訂購控制法

　　所謂定期訂購控制法是指按預先確定的訂購間隔期間進行訂購補充庫存的一種採購成本控制方法。企業根據過去的經驗或經營目標預先確定一個訂購間隔期間。每經過一個訂購間隔期間就進行訂購。每次訂購數量都不同。定期訂購方式中訂購量的確定方法如下：

　　　　訂購量＝最高庫存量－現有庫存量－訂貨未到量＋顧客延遲購買量

　　定期訂購控制法是從時間上控制訂購週期，以達到控制庫存量目

的的方法，只要訂購週期控制得當，既不造成缺貨，又能控制最高庫存量，從而達到採購成本控制的目的，即使採購成本最少。

定期訂購方式的優點是：由於訂購間隔期間確定，因而多種貨物可同時進行採購。這樣，不僅能降低訂單處理成本，還可以降低運輸成本。另外，這種方式不需要經常檢查和盤點庫存，可節省這方面的費用。

缺點是：由於不經常檢查和盤點庫存，對貨物的庫存動態不能及時掌握，遇到突發性的大量需要，容易造成缺料現象帶來的損失，因而企業為了對應訂購間隔期間內需要的突然變動，往往庫存水準較高。定期訂購方式適用於品種數量大，佔用資金較少的 C 類物料和 B 類物料。

圖 12-3-2 是定期訂購方式的作業程序。

圖 12-3-2　定期訂購控制法的作業程序示意圖

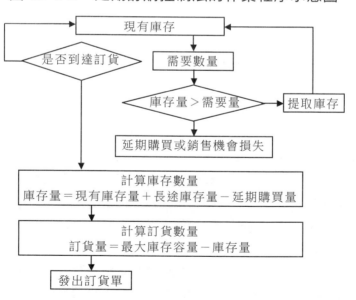

三、ABC 分類控制法

　　一般來說，企業所採購的物料種類繁多，每個品種的價格不同，且採購數量也不等，有的物料品種不多但價值很大，而有的物料品種很多但價值不高。由於企業的資源有限，對所有採購品種均給予相同程度的重視和管理是不可能的，也是不切實際的。為了使有限的時間、資金、人力、物力等企業資源能得到更有效的利用，應對採購物料進行分類，將成本控制的重點放在重要的物料上，進行分類控制，即依據物料重要程度的不同，分別進行不同的成本控制，這就是 ABC 分類控制法。

1. ABC 分析法的原理

　　ABC 分析法源出於 ABC 曲線分析，ABC 曲線又叫帕累托曲線。1879年義大利經濟學家帕累托在研究人口與收入的分配問題時，發現佔總人口百分比不大的少數人的收入卻佔總收入的大部份；而大多數人的收入卻只佔總收入的很少一部份，即所謂「關鍵的少數和次要的多數」的關係上。

　　事實上，在經濟管理中，也存在著許多類似上述的情況。例如在企業的採購活動中，少數物料的採購金額卻佔了企業總採購金額的大部份；在百貨公司的許多種商品銷售中，為數不多的一些商品銷售額卻佔總銷售額的大部份，等等。以製造企業為例，將全部物料按不同的採購金額依次排序，形成帕累托曲線。再按照一定的標準將它們分成三類，對這三類不同的採購金額按不同的要求加以管理，這就是 ABC 分析法。

　　在許多種物料中，一般只有少數物料採購量特大，因而佔用較多資金；從年需求量來看，只有少數物料年需求量很大的種類較少，種類較多的其他物料年需求量卻比較小，或者其重要性較小。由此，可

以將物料分為 A、B、C 三類。

一般來說，A 類物料種類數佔全部物料種類總數的 10%左右，但其需求量卻佔全部物料總需求量的 70%左右；B 類物料種類數佔 20%左右，其需求量大致也為總需求量的 20%左右；C 類物料種類數佔 70%左右，而需求量只佔 10%左右。

2. ABC 分類的標準

ABC 分類的標準是每種物料每年採購的金額，即該品種的年採購量，乘上它的單價，即為每年採購的金額。將年採購金額高的劃歸 A 級，次高的劃歸 B 級，低的劃歸 C 級。具體劃分標準及各種物料在總採購金額中應佔的比重並沒有統一的規定，要根據各企業、各工廠物料的具體情況和企業經營者的意圖來確定。但是，根據眾多企業多年運用 ABC 分類的經驗，一般可按各類物料在總採購金額中所佔的比重來劃分，參考數字如表 12-3-1 所示。

表 12-3-1　庫存物料 ABC 分類比重

類　別	年採購金額(%)	品種數(%)
A	60~80	10~20
B	15~40	20~30
C	5~15	50~70

由分析可以知道，佔用大部份採購金額的 A 類物料，其數量所佔的百分比卻極小。因此，經過 ABC 分類，可以使採購主管弄清楚物料採購的基本情況，可以分清那些物料是 A 類，那些是 B 類，那些是 C 類，從而採取不同的策略對成本進行很好地控制。對 A 類物料，必須集中力量，進行重點成本控制。對 B 類物料，按常規進行成本控制。對 C 類物料，則進行一般成本控制。

制定 ABC 三類物料的區分標準如下：

⑴先計算每種物料在一定期間，例如一年內的採購金額。其計算

方法是單價乘以採購數量。

(2)按採購金額的大小順序，排出其品種序列。採購金額最大的品種為順序的第一位，以此類推。然後再計算各品種的採購金額佔總採購金額的百分比。

(3)按採購金額大小的品種序列計算採購額的累計百分比。我們把佔採購總金額累計 70%左右的各種物料作為 A 類；佔餘下的累計 20%左右的各種物料分為 B 類；除了以上兩區外餘下的各種物料分作 C 類。例如某企業的物料總數為 3421 種，其採購(P)和按採購金額大小的品種序列及其採購金額百分比、累計百分比見表 12-3-2，其 ABC 分類情況見表 12-3-3。

表 12-3-2　以採購金額排列的物料類別表

採購金額(P)的分類(萬元)	品種數	品種累計數	佔總品種數的百分比(%)	佔總品種百分比的累計數(%)	採購金額數	採購金額累計數	佔採購總金額的百分比(%)	佔採購總金額百分比的累計數(%)
大於600	260	260	7.6	7.6	5800	5800	69	69
500～600	68	328	2	9.6	500	6300	6	75
400～500	55	383	1.6	11.2	250	6550	3	78
300～400	95	478	2.8	14	340	6890	4	82
200～300	170	648	5	19	420	7310	5	87
100～200	352	1000	10	29	410	7720	5	92
小於100	2421	3421	71	100	670	8390	8	100

從表 12-3-3 看出，在 3421 種物料中，採購金額佔全年採購總金額 75%的，只是佔全部品種 9.6%的 328 種，作為 A 類；而 B 類的物料，是採購金額在 1 萬元至 5 萬元，佔採購總金額的 17%，佔全部品種 19.4%的 672 種；在餘下的 C 類中，有 2421 種物料，它的採購金額合計僅佔總採購金額的 8%，而品種卻佔全部的 71%。在具體的計算過程中，我

們可利用電腦的多重循環程序設計進行自動分類排序計算。

表 12-3-3　ABC 分類表

分類	品種數	佔全部品種(%)	採購金額(萬元)	佔採購總金額(%)
A	328	9.6	6300	75
B	672	19.4	1420	17
C	2421	71	670	8

3. ABC 分類控制的準則

在對採購物料進行 ABC 分類之後，採購主管便應根據企業的經營策略對不同類別的採購物料進行不同的管理，以便有針對性地對採購成本進行控制，減輕經營成本。

⑴ A 類物料

A 類物料在品種數量上佔 15%左右，但如果能控制好它們，就等於控制好了 70%左右採購金額的物料，這是十分值得，十分有意義的。從整個企業來說，自然應該設法降低他們的採購量(對商業部門來說，則是增加它們的銷售額)。而對於採購主管來說，除了應該協助企業降低它們的採購量(或增加其銷售額)，而且要在保障供給的條件下，儘量降低它們的庫存額，減少佔用資金，提高資金週轉率。A 類物料消耗金額高，提高其週轉率，具有較大的經濟效益。但是，A 類物料又恰恰是企業中的重要物料，不但不增加其庫存額，還要加以降低，這就會增加缺貨風險，增加影響生產與經營的風險。部份採購主管想不通為什麼要這麼做。他們認為，A 類物料應增加庫存佔用額。這種是違背 ABC 分類控制原則的。應該認識到的是，加強控制 A 類物料的目的，正是要靠管理的力量使庫存額降低，又能保障供給。只要採用適當的策略，嚴密監視 A 類物料庫存量變化情況，在庫存量降低到報警點時立即採取必要而積極的措施，是可以防止缺貨的。而 A 類物料品種次不多，只要集中力量，是完全可以控制好的。

採購主管可以從以下幾個方面加強對 A 類物料的控制：

①勤採購。最好買了就用，用了再買，庫存量自然會降低，資金週轉率自然會提高。但事實上，能這樣做的情況是很少的，絕大多數情況下，都是採購一批物料，保證一段時間的供給，然後再買。對 A 類物料來說，原則上應該盡可能降低一次採購的批量。由於 A 類物料的消耗量比較大，勤採購，每次採購批量並不會小。

②勤發料。每次發料量應適當控制。減少發料批量，可以降低二級庫的庫存量，也可避免以領代耗的情況出現。當然，每次發料的批量，應滿足工作上的方便與需要。

③與需求部門勤聯繫，瞭解需求動向。企業要對自己的物料需求量進行分析，弄清楚那些是日常需要，那些是集中消耗(如基建項目、技改專用項目等的用料量集中發生，批量很大，而且用料時間是可以預知的)。因為後者是大批量的需求，所以應掌握其需求時間，需求時再進貨，不要過早進料造成積壓。要掌握生產或經營中的動態，瞭解需求量可能發生的變化，使庫存量滿足這種變化。要與需用部門協同研究物料代用的可能性，儘量降低物料的單價。

④選擇適當的安全系統，使安全存量盡可能減少。恰當選擇報警點。對存量變化要嚴密監視，當存量降低到報警點時，要立即行動，採取預先考慮好的措施，不便發生缺貨。首先應與供應商聯繫，瞭解下一批供貨什麼時候可以到達，數量有多少，然後計算缺少的數量，通過各種管道，如補充訂貨、互相調劑、求援、請上級公司幫助解決等途徑解決缺額量。

⑤與供應商密切聯繫。要提前瞭解合約執行情況，運輸可能等。要協商各種緊急供貨的互惠方法，包括經濟上貼補的辦法。

(2) C 類物料

C 類物料與 A 類物料相反，品種數眾多，而所佔的採購金額卻很少。這麼多品種，如果採購主管像 A 類物料那樣一一加以認真控制，

費力不小，經濟效益卻不大，是不合算的。C 類物料的成本控制原則恰好和 A 類物料相反，不應投入過多控制力量，寧可多儲備一些，少報警，以便集中力量控制 A 類物料。由於所佔消耗金額非常少，多儲備，並不會增加多少佔用金額。

至於多年來不採購的物料，已不屬於 C 類，而應視作積壓物料。這部份庫存，除其中某些品種因其特殊作用仍必需保留的以外，應該清倉處理，避免積壓。

⑶ B 類物料

B 類物料的狀況處於 A、C 類之間，因此，其控制方法也介乎 A、C 類物料的控制方法之間，採用通常的方法控制，或稱常規方法管理。

對每類物料的成本控制準則可歸納為表 12-3-4。

表 12-3-4　ABC 分類採購成本控制表

控制類別　　控制方法　分類		A	B	C
定額的綜合程度		按品種，甚至按規格	按大類品種	按該區總金額
定額的查定方法	消耗定額	技術計算法	現場查定法	經驗估算法
	週轉庫存定額	按庫存論的不同條件下的數學模型計算	按庫存論的不同條件下的數學模型計算	經驗統計法
檢　　査		經常檢查	一般檢查	以季或年檢查
統　　計		詳細統計	一般統計	按金額統計
管　　理		嚴格管理	一般管理	金額總量管理
安全庫存量		很　低	較　大	允許較高

4. ABC 分類控制的幾個問題

採購主管在對 ABC 三類物料進行採購成本控制時，還必須注意兩個問題，即單價的影響問題和要注意考慮物料的重要性問題以及其他

一些追加的問題。

⑴**單價的影響**

ABC 分類標準是以物料的年採購金額為標準，即單價與年採購量的乘積。年採購金額相同的兩個品種，其中一個可能年採購量大，單價小；另一個可能年採購量小，單價大。兩者的成本控制應略有區別。

一般，單價很高的物料，在成本控制上要比單價較低的物料更嚴格。因為單價高，存量略增一點，佔用金額便急劇上升。凡單價高的品種，在成本控制上應有如下特殊要求。

①與需用部門密切聯繫，詳細瞭解使用方向、需用日期與數量，準時組織採購，控制庫存量，力求少積壓。

②與需用部門研究替代品的可能與方法，盡量少用高價物料。

由 ABC 分類時，可細分單價高與單價低兩小類，成為如下幾類：

A 類：單價高的，單價低的；

B 類：單價高的，單價低的；

C 類：單價高的，單價低的。

也有人認為，只要將 A 級細分，B、C 級沒有必要細分。

在設計存量控制基準時，單價高的品種的安全系統可以取得低一些。但要加強控制，加以特殊照顧，使因安全系統數低，庫存量減少而引起的風險得到補償。

⑵**物料的重要性**

ABC 分類時，只考慮採購金額的多少是不夠的，還必須考慮物料的重要性作為補充。

所謂物料的重要性，有以下 3 個方面的：

①缺貨會造成停產或嚴重影響正常生產的；

③缺貨會危及安全的；

③市場短線物料，缺貨後不易補充的。

採購主管不應把 ABC 分類與物料的重要性混淆。它們具有以下不

同的意義。

第一，A 類物料固然是重要的。首先，在於它們的年採購金額高。當然，部份 A 類物料同時具有缺貨會影響生產、危及安全或不易補充的性質，但也有一部份 A 類物料並不同時具有這些性質。而某些 B 類或 C 類物料，雖然年採購金額並不高，但卻具有缺貨會影響生產、危及安全、不易補充等性質。因此，B 類或 C 類物料完全可能是重要物料。

第二，對於 A 類物料，採購主管的成本控制策略是降低安全係數，適當壓縮存量，用加強管理的辦法補救由此造成的風險。但對於重要物料，採購主管的策略則是增加安全係數，提高可靠性，輔以加強管理。

因此，考慮物料的重要性後，ABC 類可進一步細分如下：

A 類：重要的，一般的；

B 類：重要的，一般的；

C 類：重要的，一般的；

對重要物料，在成本控制時應做如下考慮：

①加大安全存量。在同類物料中，重要物料的安全係數應高於一般物料，前者應為後者的 1.2～1.5 倍。

②加強管理。即使是 C 類物料，只要具有重要性，就應像 A 類物料那樣，加強管理，嚴密監視存量與採購動態，防止缺貨。

物料的重要性應由企業確定，並商定安全係數的放大倍數。應注意的是，A 類物料中大部份是重要物料，因此，確定 A 類中的重要物料時，應格外嚴格。

⑶其他問題

採用 ABC 分類法將物料分成若干類別之前，還要考慮除財務因素以外的其他因素。追加的考慮事項可能會強有力地改變物料的分類以及成本控制方式。這些重要因素可能是：

· 採購困難問題（前置時間長而不穩定）；

- 可能發生的偷竊；
- 預測困難問題（需求量變化大）；
- 儲存期限短（因為會變質或陳舊）；
- 倉容需求量太大（體積非常大）；
- 物料在經營上的急需情況。

📢)) 第四節　某集團的採購成本控制

　　製造企業有 90％的時間花費在物流上，物流倉儲成本佔據了總銷售成本的 30％～40％，供應鏈上物流的速度及成本更是令企業苦惱的問題。集團針對供應鏈的庫存問題，利用信息化技術手段，一方面從原材料的庫存管理做起，追求零庫存標準；另一方面針對銷售商，以建立合理庫存為目標，從供應鏈的兩端實施擠壓，加速了資金、物資的週轉，實現了供應鏈的整合成本優勢。

一、零庫存夢想

　　某集團雖多年名列冷氣機產業的領導之位，但是不無一朝城門失守之憂。自 2000 年來，在降低市場費用、裁員、壓低採購價格等方面，集團頻繁變招，其方法始終圍繞著成本與效率。已經為終端經銷商安裝進銷存軟體，即實現「供應商管理庫存」(以下簡稱 VMI)和「管理經銷商庫存」中的一個步驟。

　　對於集團來說，其較為穩定的供應商共有 300 多家，其零配件(包括出口、內銷產品)加起來一共有 3 萬多種。從 2002 年起，集團利用信息系統在全國範圍內實現了產銷信息的共用。有了信息平臺做保障，原有的 100 多個倉庫精簡為 8 個區域倉，在 8 小時可以運到的地方，全靠配送。這樣一來，集團流通環節的成本降低了 10％～

20%。運輸距離長(運貨時間 3～5 天的)的外地供應商，一般都會在倉庫裏租賃一個片區(倉庫所有權歸集團)，並把其零配件放到片區裏面儲備。

在集團需要用到這些零配件的時候，它就會通知供應商，然後再進行資金劃撥、取貨等工作。這時，零配件的產權，才由供應商轉移到集團——而在此之前，所有的庫存成本都由供應商承擔。此外，集團在 ERP(企業資源管理)基礎上與供應商建立了直接的交貨平臺。供應商在自己的辦公地點，透過互聯網頁的方式就可登錄到集團的頁面，看到集團的訂單內容，包括品種、型號、數量和交貨時間等，然後由供應商確認信息，這樣一張採購訂單就已經合法化了。

實施 VMI 後，供應商不需要像以前一樣疲於應付集團的訂單，而只需做一些適當的庫存即可。供應商不用備很多貨，一般能滿足 3 天的需求即可。集團零件年庫存週轉率，在 2002 年上升到 70～80 次/年。其零件庫存也由原來平均的 5～7 天存貨水準，降低為 3 天左右，而且這 3 天的庫存也是由供應商管理並承擔相應成本。

庫存週轉率提高後，一系列相關的財務「風向標」也隨之「由陰轉晴」，讓集團「欣喜不已」，實現了資金佔用率降低、資金利用率提高、資金風險下降、庫存成本直線下降。

二、消解分銷鏈存貨

在業務鏈後端的供應體系進行優化的同時，集團也正在加緊對前端銷售體系的管理進行滲透。在經銷商管理環節上，集團利用銷售管理系統可以統計到經銷商的銷售信息(包括分公司、代理商、型號、數量、日期等)，而近年來則公開了與經銷商的部份電子化往來。以前半年進行一次手工性的繁雜對賬，現在則進行業務往來的即時對賬和審核。

在前端銷售環節，集團作為經銷商的供應商，為經銷商管理庫

存。這樣做的結果是，經銷商不用備貨了，「即使備，也是五台、十台這種概念」。經銷商缺貨，集團立刻就會自動送過去，而不需經銷商提醒。經銷商的庫存「實際是集團自己的庫存」。這種存貨管理上的前移，使集團可以有效地削減銷售管道上的存貨，而不是任其堵塞在管道中，讓其佔用經銷商的大量資金。

2002 年，集團以冷氣機為核心對整條供應鏈資源進行整合，更多的優秀供應商被納入冷氣機的供應體系，冷氣機供應體系的整體素質有所提升。依照企業經營戰略和重心的轉變，為滿足製造模式「柔性」和「速度」的要求，集團對供應資源佈局進行了結構性調整，供應鏈佈局得到優化。透過廠商的共同努力，整體供應鏈在「成本」「品質」「回應期」等方面的專業化能力得到了不同程度的發展，供應鏈能力得到了提升。

目前，集團冷氣機成品的年庫存週轉率大約是 10 次，而集團的短期目標是將成品冷氣機的庫存週轉率提高 1.5～2 次。目前，冷氣機成品的年庫存週轉率不僅遠低於其它廠商，也低於年週轉率大於 10 次的韓國廠商。庫存週轉率提高一次，可以直接為冷氣機節省超過 2000 萬元的費用。由於採取了一系列措施，集團已經在庫存上嘗到了甜頭，2002 年度，集團銷售量同比增長 50%～60%，但成品庫存卻降低了 9 萬台，因而在激烈的市場競爭下維持了相當的利潤。

1.任務目標

根據成本控制情景，透過查閱資料(如教材、期刊、網路等)，運用控制與降低採購成本相關知識和技能制定一份控制採購成本的方案。

2.任務分析

針對集團供應鏈的庫存問題，運用採購成本控制方法，利用信息化技術手段，一方面從原材料的庫存管理做起，追求零庫存標準；另一方面針對銷售商，以建立合理庫存為目標，從供應鏈的兩端實

施擠壓，加速資金、物資的週轉，實現供應鏈的整合成本優勢，形成集團採購成本控制方案報告。

3.實施步驟

⑴準備工作：對學生進行分組，5～6人為一組，進行職業化工作的分工。

⑵教師幫助學生理清控制與降低採購成本的業務流程和方式，分析控制與降低採購成本策略。

⑶收集並查閱資料，開展討論與交流；擬定選擇控制與降低採購成本的方案提綱。

⑷編寫「集團採購成本控制方案」。

4.結果評價與考核

學生參加的方案論證評審小組，對任務實施過程及撰寫「集團採購成本控制方案」的品質進行考核評價(項目評價表見表12-4-1)，可以將評價分為個人評價和小組評價兩個層面。對每個方案進行展示、點評，選取優質方案給予表彰和推廣，對存在的問題提出改進意見。

表 12-4-1　項目評價表

班級		小組		日期	年　月　日	
序號	評價要點		標準分	得分	總評	
1	團隊成員能相互協作		15			
2	及時完成老師佈置的任務		15			
3	小組完成老師佈置任務的品質		40			
4	小組彙報情況		30			

第五節　降低採購價格方法

一、瞭解供應商的變動成本

瞭解成本結構對採購員非常重要。如果採購人員不瞭解所買物品的成本結構，就無法瞭解所買物品價格是否公平合理，同時也會失去許多降低採購價格的機會。所以，採購員必須學會如何降低採購物品的價格技巧，以控制企業的生產成本，爭取更大的利潤空間。一般而言，採購常用的價格降低策略有以下幾種：

利用變動成本採購策略，就是將供應商的固定成本部份除去，只計算變動成本及對方應得的利潤來訂立合約。

1.瞭解供應商的成本情況

生產型企業的經營活動都是開始在訂立經營計劃，然後是具體的生產計劃，緊接著是設備和原材料的購置計劃，然後開始安裝設備，調試生產線，最後生產活動進入實際運作階段。

當然，不同的企業其程序是不同的，實際的生產過程常常也無法完全按照原定計劃順利進行，會隨著市場的需求，不斷調整生產計劃。這時，要站在供應商的立場來考慮所要簽訂的採購計劃，如果供應商不會因該項採購合約而購置新機器或建設新廠房時，那麼他們的固定費用早已發生，因此在進行採購交易時，只需要考慮變動成本就可以了。這些要考慮的變動成本包括材料費、勞務費、水電費、燃料費、其他間接材料費，以及合理利潤。

2.進行談判

一旦選擇的供應商在物料的品質、性能、數量上都沒什麼問題，所剩下來的就是價格談判了。

　　談判時，首先要讓供應商明白，供應商並沒有因為該項訂單而增加固定成本，也就是供應商沒有為生產此類產品添置設備、廠房和模具等，那麼就可以把物料價格核算的重點放在變動成本和該得的利潤來成交這筆生意。

　　以「變動成本＋利潤」的策略來簽訂採購合約，並不會對供應商形成太大的壓力，因此他們可以按時、保質地交貨。

　　例如，一個供應商正常生產量為設計量的 70%，當前的生產量僅為 50%，如果以 20%的變動成本來訂立合約，對於開工不足，還要付給員工薪資的企業而言，除去變動成本的開銷外，此時廠家所收利潤的部份甚至還可以充抵固定成本的一部份。因此，與其使生產量停止在 50%，倒不如接受增加 20%的變動成本及利潤部份的採購。

　　對於供應商而言，為了能應付這一時的不景氣，有時也不得不接受這種只計算變動成本的方式來進行交易了。

　　但是，這類採購受市場環境的影響，一旦經濟環境好轉，供應商的訂單增多，就會改變供貨方式，所以，只是一種臨時性的採購。

　　因此，採購員要善於捕捉和發現處於此類困境的供應商，從他們手中訂購更多的低價物料產品：

　　⑴市場供大於求、經濟疲軟時根據需要訂購。

　　⑵供應商有強烈推銷採購意向。

二、互買優惠採購

　　在互買優惠採購中，買賣雙方既是供應商又是購買方，具有雙重身份。因此在自己購買了對方產品的同時，也希望自己的產品能被對方所採購，於是互惠互利的結果，促成了互買優惠採購的關係。

　　採購員想要有效達成互買採購業務，首先必須對本企業的業務範圍有清楚的認識，這樣才能有效地加以運用，同時給企業的行銷部門

提供有效的援助。

　　為了確定靈活運用互買採購的策略，採購員不能以為只是經營策略而敷衍了事，更不能主觀以為只要是互買採購，就一定划算。必須在相互購買的基礎上進行認真、仔細的成本分析，以企業整體成本的降低為目的。

1. 互買採購的優缺點

　　一般來說，互買採購的優缺點如表 12-5-1 所示：

表 12-5-1　　互買採購的優缺點

優點	1. 能準確地估計各自的銷售量
	2. 採購與行銷能獲得良好的經濟平衡
	3. 可以降低運輸成本
	4. 能有效防止呆賬的發生
	5. 減少銷售及廣告的費用
缺點	1. 無法自由選擇供應商和產品
	2. 單價有時會偏高
	3. 會產生對某一類產品的依賴性，有時會把握不住供應商或產品轉換的時機
	4. 有時會因產品品質、效率、價格、服務等引起雙方的不滿

2. 互買採購的正確運用

　　互買採購方法的正確運用，全在於利弊權衡和靈活操作，同時根據實際情況採取相應的對策和改進的方法。

⑴供應商和產品選擇

　　在互買採購中，選擇能夠滿足適當的品質、要求的交貨期、價格便宜的供應商即可。那些以為是相互購買就不加區別地訂購是不明智的做法。互買採購和採購其他物料一樣，應該尋找適當的品質、良好的服務及價格便宜的市場。所以一定要經常依據採購的基本原則靈活

運用、貨比多家後再做決定。

⑵**把握控制總成本目標**

互買採購常常會遇到以下不利因素：

· 互買採購比原來單向採購的價格超出很多。

· 互買採購因某種原因價格提高。

出現這種情況時，如果確實有相互購買的必要，則努力去交涉，要總體成本得到抑減為目標。否則，應該考慮放棄互買採購。

⑶**把握轉換供應商或產品的有利時機**

由於感情方面的因素，會對某一類產品或某個供應商產生依賴性，即便已經因產品品質、價格、服務等引起雙方的不滿。因此，要善於把握轉換供應商或產品的有利時機，如有新的供應商或產品，價格要優惠得多，此時或者放棄老供應商或老產品，轉向新的供應商合作，或者借此契機，調整老供應商的供貨價格，或者改變原先的服務範圍。

在選擇供應商前，做一下相應的評估計算還是很有必要的。只有通過計算，確認有利之後才開始進行互買採購。此後，不斷地加以檢查，一旦實際情況偏離預估方向時，及時地採取應對措施。

為避免這種情況的發生，在和供應商初期合作時，就訂購數量、合作的有效期、互買採購違約的處罰和對策等做明確的約定。

下面以某加工企業生產零件為例，介紹因產品單價變化後計算的方法：

已知：月銷售額＝200000 元

　　　　廣告費支出比率＝0.23%

步驟一：計算購入損失

①單價差異

原購價 15 元/個

新購價 15.2 元/個差額 0.2 元/個

②月新增損失

15 元×15000 個/月＝225000 元

15.2 元×15000 個/月＝228000 元

每月損失：3000 元月⋯⋯⋯⋯⋯⋯⋯⋯⋯⋯⋯⋯⋯⋯⋯⋯⋯⋯A

步驟二：計算呆賬損失減少額

原呆賬比率 0.3%

每月的銷售額 200000×0.3%＝600 元/月⋯⋯⋯⋯⋯⋯⋯⋯⋯⋯B

步驟三：計算月廣告費用減少額

200000 元×0.23%＝460 元/月⋯⋯⋯⋯⋯⋯⋯⋯⋯⋯⋯⋯⋯C

步驟四：計算利息計算期從購貨付款到銷貨收回貸款的期間，假定為 120 天，利息以每日 2.5 厘計算：

0.00025 元×228000×120 日＝6840 元⋯⋯⋯⋯⋯⋯⋯⋯⋯⋯D

步驟五：因互買採購而引起的損益計算為 A－(B＋C)±D 代入上列方程序：

$$3000 元－(600 元＋460 元)－6840 元＝－4900 元$$

由上例損益計算可以知道，雖然零件價格上漲，但由於採用了互買採購，實際的計算結果每月仍然有 4900 元的利潤。

經濟計算的結果對互買採購具有一定的指導意義，採購員應該能把握一些互買採購科學的評價方法，並在行銷部門、財務部門的通力合作下，以降低整體成本為目標，才是互買採購優惠策略的最好利用。

⑷做好詳細記錄

在互買採購過程中，要對雙方的訂購記錄、銷售記錄、品管記錄、交貨期限做詳細的記錄，並隨時對這些數據進行整理分析。在可能出現不利情況前，就及時採取變動成本採購策略或要求對方降價等方法，以互買採購雙贏為目標。

三、改善採購路徑

　　很多企業，在可能的情況下都直接與生產廠商交易，以減少中間環節的盤剝，從而帶來直接的效益，但有時也可以利用流通環節來降低採購成本。例如標準件、規格品以及一些專門的特殊品，則適合由經銷代理店或特約店來進行交易。在利用帶有中間環節的流通路徑時，可以依照下列幾點原則進行處理：

1. 標準件訂購

　　像螺絲、螺帽、墊圈等這些標準的緊固件，可以由專門的經銷商根據市場銷售情況，向生產廠商訂購，並加以儲存和銷售，價格相對也比較便宜。對於一些不常用的、特殊的標準件、規格品，這些供應商也能隨時供應。

2. 偏遠物料訂購

　　有些物料生產商地處偏遠地區，或者企業遠離供應區域，直接購買會受交通費用、運費、通訊費等諸多不利因素的影響，這種情況下應該利用中間商去代為採購。

3. 特殊品的訂購

　　新規格產品、特殊用途產品，往往用量不大，卻很急用，此時以通過中間商預定為宜。即使某些產品已在市場上公開銷售，但有時仍難以直接訂購。像這種特殊品如能通過中間商來訂購，則在交貨期、品質、價格方面都是有利的。

4. 少量訂購

　　批量很小的物料採購，不論是對供應商還是中間商來說，均處於弱勢地位，因此要多次電話催促，甚至還要採購員親自上門拿取，這樣就產生很多額外費用。此時還是向中間商訂購為好。對於那些數量雖小，卻是持續不斷需要的產品，還是直接向生產者購買為宜。

四、瞭解對方意圖

瞭解對方意圖策略，就是設法瞭解供應商的生產、銷售、訂單、存貨等方面的信息，特別是要注意收集供應商因訂單減少，急於尋找新採購商和新訂單的情況，因為這時是進行採購的洽談，要求降價的最佳時機。

1. 瞭解供應商真實情況應考慮的因素

採購員應該如何去瞭解供應商的真實情況，通常可以考慮下列因素：

⑴生產效率降低、希望提高生產率。

⑵產量不足、效益下降，急於擴展業務管道、增加訂貨量。

⑶庫存積壓，打算盤點出售，以回籠流動資金。

⑷急於尋找資金雄厚的採購商。

⑸開發新品，急於低價出售老產品。

⑹完成年銷售任務，即便利潤低些也願意成交。

以上所述，也許是諸多原因的一部份，但出現任何一種情況，對採購方來說都是個好消息，採購員應該及時把握商機，主動出擊。

2. 採用此策略的注意事項

在訂立採購合約前，除了要對交貨期、品質、價格三個條件進行核查外，還應該對諸如上述原因之外的因素多加考慮。因為供應商或許會考慮他們的戰術而暫時做貼本買賣，特別是新建立合作的供應商，他們會竭盡全力在其他方面把損失的利潤奪回。如果被眼前的局部利益所誘惑，或在價格上不加分析，就會適得其反，經過一番努力採購得來的產品，最後核算，反而價格更高。所以供應商意圖策略必須慎重採用。

五、價格核算

　　企業對產品價格的計算通常有兩種方法：一是概略計算方法，又稱估算；另外一種為成本計算。

　　例如，一些鑄造廠也常使用估算法計價，他們對鑄造產品往往是以重量為計算基準，不大考慮鑄件的形狀。實際上，鑄件中空部份少其重量大，中空部份多其重量輕，每公斤的單價不應相同才對。

　　例如，電焊作業，常以焊接長度計價。其實焊接的作業條件也是不同，例如焊接角度、焊縫高度、高空作業、地下作業等，作業條件不同價格也是不一樣的。

　　產品價格應該包括材料成本、加工成本，保管費用等。

　　當供應商的產品價格計算是採用估算法時，採購員可以採用「針鋒相對」的價格核算方法來進行採購。同樣以鑄件生產來說，對那些熱衷估算法計價的企業，儘量採購那些重量輕、模具多、加工比較難的產品，這樣的產品用估算法計價，採購方可以獲得很大的利潤空間，以很便宜的價格購得所需物品。

　　以焊接作業為例，對於那些焊接時間長、焊條耗量大的零件，或需在高處作業，或需在罐中作業，或焊縫高度大的零件等，同樣的還是以焊縫長度計價，採購方就可以廉價採購了。

六、困境採購

　　困境採購策略，就是要在供應商受經濟景氣變動和產品供求平衡變化的時候，不失時機地加以巧妙利用，使採購的產品價格大幅度下降。利用困境採購策略進行採購，可分下列兩類情況：

1. 企業生產必需品的採購

經濟環境的好壞對企業來說，最受影響的恐怕是生產率或者開工率兩項指標。開工率不足，人員和設備空閒，投入的資本回收困難，加上市場疲軟，供大於求，企業為了儘快擺脫困境，一定會通過降價來爭取更多的訂單。

如能及時捕捉到此類信息，找到正遭不景氣而可進行交易的供應商，在此時訂購自己所需的材料、零件或製品時，較易得到好的效果，不但先前講的變動成本採購或固定成本削減策略可以成功運用之外，還能幫助供應商度過困境。這種困境採購是種雙贏的局面。

2. 預測未來所需的採購

通過對生產所需的材料、零件或製品的需要動向、經濟發展趨勢等加以分析考慮，可以預見價格將會上漲，此時如能多買一些來存放，或將必要的直接材料購入並且加以調配，是壓低材料成本的方法之一。對企業整體來說也是較為有利的。

但這種採購是有前提條件的，例如資金比較寬鬆，且這些購入的物料不會因代替品的出現、技術的革新等而變成呆料或廢料。

七、統一訂購

1. 什麼是統一訂購策略

統一訂購策略，是指統一訂購、統一購買的交易方式。採用統一訂購，供應商一般都有讓利減價的慣例，因此採購員應盡可能統一訂購企業生產所需物料，隨時注意有利的採購品減價的信息。至於是採用一次訂購還是分批訂購，要視訂購的經濟性分析而定。

2. 統一訂購的優點

統一訂購的優點如下：

⑴降低採購費用。

⑵採購單價便宜。

統一購買，供應商會提供價格優惠，使得物料的價格便宜。同時，採購準備的時間和費用減少，工作效率提高。

⑶間接費用減少。

物料採購所負擔的間接費用包括訂金、運輸費、搬運費、質檢費等，採購的數量越多，平攤到每一件物品的採購費就大大減少。

八、共同訂貨

1. 什麼是共同訂購策略

共同訂貨策略，就是把不同的企業聯合起來，把若干不相同的零件統一起來，然後向專門製造此零件的廠商訂貨。由於是大批量訂貨，供應商可以批量生產，於是可以給聯合採購商更多的價格優惠，加上設計的標準化，可以共同利用行業聯合的優勢，這樣對買賣雙方都十分有利，而且還能夠建立起與外國同類產品競爭的優勢地位。

2. 共同訂貨策略的優點

共同訂貨並非只是用於同行業之間，只要產品條件可以協調，都可積極地與其他行業協作合作，推行共同訂貨策略：

⑴材料價格可以隨著採購批量的不同有很大的變化，根據聯合採購企業的不同情況，彙集成大量採購。

⑵在不同的企業間，把部份同類零件標準化，轉換成大量採購。

⑶共同利用人力薪資低的地區，或開工率不足的機器來製造產品，以進一步降低採購價。

⑷共同利用搬運工具及倉庫等而減少費用。

九、其他降低採購成本的方法

1. 鼓勵供應商之間的競爭

合理競爭可以降低成本，利於持續改善，最終形成雙贏的合作夥伴關係。要在供應商之間挑起競爭，並以公平誠實的方式進行。供應商之間的競爭不能簡單歸結為投標之戰。新的供應商想要和你做生意，在品質認可的前提下，往往會以低價進入。這對於採購方來講是有利的，但這必須依賴于供應商的開發。有了備選的供應商，才可以挑起它們之間的競爭。

經常發生的情況是：採購部門從新的潛在供應商獲得一套價格，只是為了要求現有供應商符合新價格。現有供應商在與你做生意的過程中，逐漸會養成一個習慣，想當然地認為你對它會產生依賴性，從而降低配合度，尤其是在你提出降價要求的時候。所以要注重對新供應商的開發，並且用潛在的新供應商的價格（一定是更低的）來與現有供應商展開競爭性談判。開發新供應商不一定就要與它做生意，畢竟轉換供應商也需要成本，有時甚至是有風險的。

2. 包裝和運輸優化

包裝與運輸優化是降低採購總成本的一個重要環節。在採購訂單上必須清楚說明包裝與運輸要求，這對進出口貿易尤其重要。要保證從採購、生產到交貨所有的成本都是最低的。

始終記住你最終使用的只是內容物，包裝最重要的功能是保護內容物的品質以及運輸與搬運的效率，只要實現這些功能就可以了，任何過度的包裝都是浪費。包裝優化的方法有如下幾種：

· 改變材質。比如塑膠包裝代替紙質包裝。

· 改變用量。比如包材厚度或者重量的改變。

· 多用標準包裝或者中性包裝。這樣做減少了包裝的種類，不僅

可以節省印刷費用，更因為採購量的增加而降低採購成本，同時還可以減少庫存，降低倉儲成本。改為中性包裝後可以貼標籤來區分不同的產品。

· 增加重複使用次數。在不影響產品品質的前提下，包裝盡可能多次重複使用。

· 改變運輸方式也有利於包裝優化。比如寶潔公司採購山梨醇的案例中，原來的鐵桶包裝改為槽車運輸之後就取消了，從而節省包裝成本。

3. 運輸優化

優化運輸尤其要控制好報價環節與結算環節，這兩個環節都涉及幾個關鍵點：運輸量、運輸價格、運輸距離、運輸路線、運輸目的地、到達時間、運輸單據以及資訊交換等。這些關鍵點最終影響到運輸的品質、效率與成本，因此要仔細檢查與核實，以防發生錯誤。所有的內容最後通過運輸合同來約定。

4. 大力實施材料標準化

標準化也可以降低成本，在開發新產品時，技術人員傾向于嘗試各種不同的技術與材料，很容易讓採購的清單越來越長，批量越來越小，從而削弱未來採購的優勢，甚至讓採購變得非常複雜。

採購在新產品開發過程中一定要早期參與進去，幫助研發部門盡可能多地利用現有的原材料以及包裝材料進行新產品的開發，從而減少採購的種類，有利於形成規模效應，從而實現採購成本的降低。

在生產過程中，持續推動材料與包裝的標準化工作，也能起到相同的作用。比如中性包裝的應用，以及致力於將非標件變成標準件等。

第 **13** 章

採購作業的績效評估

第一節　採購績效評估的作用

一、採購績效評估的作用

採購績效評估是令採購主管頭痛的事，因為評估過程中存在許多不明確的問題，但採購績效評估的目的卻趨於一致，即用於提升採購的作業水準。採購績效評估的作用如下：

1. 確保採購目標的實現

隨著微利時代的到來，各企業在採購管理都有共同目標——為企業賺取利潤。因為採購工作除了維持正常的產銷活動外，還非常注重產銷成本的降低。

2. 提供改進績效的依據

實施績效考核也是為改進績效提供相關的即時性參考依據。因為透過對採購績效進行測量，可以作出更好的決策。同時，還可以確定採購部門當前的工作狀態（表現如何）。

3. 作為獎懲和甄選的參考依據

採購績效考核可作為個人或部門獎懲的參考依據，因為良好的績效考核方式能將採購部門的績效獨立於其他部門，並且凸顯出來，它還能反映採購員的個人表現，即可作為各種人事考核的參考資料，進行獎懲。

4. 產生好的決策

採購績效評估可以使企業產生更好的決策，因為這可以從計劃實施後產生的結果中鑑別不同的差異。通過對這些差異的分析，可以判斷產生差異的原因，並可以及時採取措施防止未來的突發事件。

5. 進行良好的溝通

採購績效評估可以使採購部門同其他部門進行良好的溝通。例如：通過分析那些需要特別檢查的發貨單，可使付款程序得到更加合理的安排，從而增強採購部門同管理部門之間的協調。

6. 增強業務的透明度

定期報告制定的計劃內容和實際執行的結果，以便客戶們能夠核實他們的意見是否被採納，這可以向客戶提供建設性的回饋意見；並且，通過向管理部門提供個人和部門的業績，有利於增強對採購部門的認可程度。

7. 產生更好的激勵效果

合理設計的評價體系可以滿足個人激勵的需要，可以有效地用於確定建設性的目標、個人的發展計劃和獎勵機制。

採購績效評估的作用在於：提高採購部門在企業中的地位，降低運作成本和材料的採購價格，減少廢品數量，產生更優的決策。企業定期對採購績效進行評估，包括如下兩個原因：

⑴通過績效評估來評估單個客戶，這表明採購行為的評價要服務於評價特殊的業務活動的目的。

⑵系統化要服務於自我評價的目的，這表明通過加強每個客戶對

其自身採購活動效果的評估，可以改善採購活動，取得更好的效果。因此，採購績效評估活動可以直接支援單一客戶做好其自身的業務活動。

二、影響採購績效評估的因素

企業高層管理人員如何看待採購業務的重要性以及它在企業中所處的地位，是影響採購績效評估的一個重要因素。企業高層管理人員對採購業務的不同期望，會對所採用的評估方法和技術產生重要影響。

不同企業在採購績效的評估方面是不同的，導致這種狀況的直接原因是各企業在管理風格、組織程度、委託採購上分配的職責不同，而不是由企業的具體特徵（如：工業類型、生產經營類型等）造成的。關於影響採購績效評估的因素主要有以下四種：

1. 業務活動因素

評估採購業務的績效主要取決於與現行採購業務有關的一些參數，例如訂貨量、訂貨間隔期、積壓數量、安全庫存量、採購供應率、現行市價等。

2. 商業活動因素

採購業務是一種商業活動，管理人員重點關注的是採購所能實現的潛在節約額。採購部門的主要目的是降低價格以減少成本支出。採購時要關注供應商的競爭性報價，以便保持一個令人滿意的價位。採購績效評估採用的主要參數是採購中的總體節約量（通常用每一產品組和每一客戶表示）、市價的高低、差異報告、通貨膨脹報告等。

3. 物流因素

採購通常被看成是綜合物流的一部份。企業採購管理人員也清楚追求低價格有一定的缺點，它可能導致次優化決策。降低產品的價格，通常會使供應商覺得產品的品質可能會同步降低，並會降低供應的可

信度。因此企業採購管理人員要向供應商們介紹產品品質改進目標情況，儘量減少到貨時間並提高供應商的供貨可靠度。

4.經營策略因素

採購業務對於決定企業的核心業務以及提高企業的競爭力將產生積極的作用，因為採購業務積極地參與到了產品是自製還是購買決策的研究中。地區性供應商有可能被捲入到了國際競爭之中。在這種情況下，企業採購管理人員評估採購績效主要考慮以下幾個方面：基本供應量的變化數量(通常是減少量)、新的有聯繫的(國際)供應商(訂有合約的)的數量以及依據已實現的節約額對底線的貢獻大小等。

在企業結構體系中，採購部所處的地位不同，用於評估採購績效的方法也有很大的區別。依據表 13-1-1 所示，當把採購看作是一項業務活動時，採購績效評估的方法主要是從特徵上進行定量的管理性分析。另一方面，當採購被看作是一項經營策略時，這時會採用更加定性的和評判性的方法。在這種情況下，通常使用複雜的程序和指導體系來監控採購過程，以提高採購效率，防止背離特定的採購計劃。

那些因素決定著當前比較流行的採購績效評估模式呢？由於外在因素的影響，那些把採購看作是一項商業策略的企業必須思考這個問題。這些外在因素主要有：價格和毛利上的壓力、喪失市場佔有率的壓力、材料成本顯著降低的要求、採購市場上價格劇烈波動等。這些問題迫使企業必須關注高水準的採購績效。

另外，一些內在因素也會影響企業高級管理人員對採購業務所持有的觀點。主要的內在因素有：公司實行的綜合物流程度、引進和應用的現代品質概念的程度、材料管理領域的電腦化程度等。

總之，可以這樣說，由於每個企業對採購績效的影響因素及評估方法是不相同的，這導致形成一種統一的方法和評估系統來評估採購績效是不可能的。

表 13-1-1　管理層如何看待採購

可替代的觀點	採購業務的等級地位	績效評定方法
採購被看作是一種業務	在組織中地位低	訂單數量、訂貨累計額、供應到貨時間管理、授權、程序等
把採購看作是一項商業活動	向管理人員報告	節約額、降價程度、ROI測量、通貨膨脹報告、差異報告
把採購看作是綜合物流的一部份	採購同其他與材料相關的業務構成統一的整體	節約額、成本節約額、貨物供應的可靠程度、廢品率、供應到貨時間的縮短量
把採購看作是一項戰略性經營策略	採購者進入最高管理層	應有成本分析、早期介入的供應商數量、自製還是購買決策、供應基本額的減少量

🔊 第二節　採購績效評估的內容

一、採購價格

　　企業進行採購績效評估，首先應決定評估的內容。採購績效的評估內容是與採購目標相關的。採購目標是指從最合適的地方，採購最好的、價格最合理的材料，並以最優質的服務及時地運送到最佳的地點；同時採購業務要有助於產品和生產過程的革新，減少企業整體採購風險。

　　因此，採購績效評估的內容應包括以下四個方面：

　　⑴價格；

(2)產品品質；

(3)採購物流；

(4)採購組織。

這些內容之間的關係如圖 13-2-1 所示。

圖 13-2-1　採購績效評估的主要內容示意圖

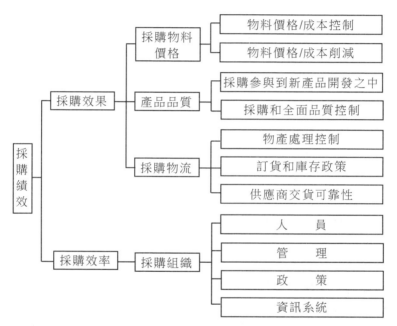

採購價格主要是指支付材料和服務的實際價格和標準價格之間的關係。在這裏，必須區別下面的兩個概念：

(1)價格/成本控制。它指全程監控和評估供應商分佈的價格及價格增長情況。使用方法和參數主要有 ROI 測量、材料預算、通貨膨脹報告以及差異報告等。主要目的是監控採購價格、防止價格失控。

(2)價格/成本減少。它主要是指通過結構化的方式，對與採購材料和服務相關的活動進行連續不斷的監控，減少成本支出。主要措施有尋找新的供應商和替代材料、價值分析、在企業之間協調採購需求等，

主要目的是監控那些減少材料成本的活動。

　　對與價格/成本尺度有關的採購行為進行計劃和監控，預算是一種很重要的手段。

　　為了控制採購成本，許多企業都要進行預算。目前主要有兩種預算方式，即目的在於控制材料成本的預算和控制採購部門成本的預算。

二、採購產品品質

　　過去，企業對與採購物資的品質有關或無關的採購責任的定義過於狹隘。採購在發展新產品中所扮演的角色和採購在整個品質控制中所扮演的角色是有區別的。採購在於使供應商能夠遵從企業的產品清單和品質要求，及時可靠地運送貨物。

1. 採購活動涉及到新產品的發展

　　這主要是指採購活動有利於產品的革新。很明顯這對於在所有的控制活動中（包括供應和採購），根據成本目標和銷售時間來發展新產品項目是很重要的。

　　使用的評估參數主要有：革新項目中採購活動耗費的工作時間、供應商耗費的工程設計時間以及項目的生產準備時間。特殊的評估參數是技術規範的變化程度（指必須同供應商交流的工程技術的變化量）和初始樣本廢品率（例如：工程項目需要供應商必須提供樣品的次數）。依據成本和銷售時間對這些參數進行評估，可以使企業瞭解新產品發展項目為什麼會失控。

2. 採購活動對整個品質控制的貢獻

　　根據工程設計要求發出產品清單後，採購工作就要保證訂購的貨物能按照企業的要求及時到達。這時使用的評估參數主要有：即將到運的貨物廢品率、一線拒收率、認可的供應商數量、合格的供應商數量、處理的廢品報告數量等。這些因素可以表明企業從供應商處獲得

無缺陷物資的程度如何。

三、採購的物流

　　第三個採購績效評估的內容是，採購所扮演的角色對採購的材料和服務進行有效的流動所起到的作用，即採購物流。這一領域包括以下主要活動：

1. 對需求物料進行及時、準確處理的控制

　　需要使用的評估參數是採購管理的平均訂貨時間、訂貨數量、訂購累計未交付額。改善這一領域績效的重要方法是使用電子訂貨系統，包括對國內客戶和供應商引入的電子商務解決方案和 EDI。

2. 供應商及時供貨控制

　　這裏需要使用的評估參數是供應商供貨的可靠性、物資短缺數量、已交貨數量/尚未交貨數量、JIT 交貨的數量。對這些參數進行評估可以使企業瞭解到物資的流動控制水準。

3. 交貨數量控制

　　在某些情況下，採購活動對決定和控制有效的存貨水準所需要的費用負責。此時使用的企業參數為：存貨週轉率、已交貨/未交貨數量、平均訂貨規模、在途存貨總量等。

　　依據材料的品質和交貨的可靠程度，可以使用對供應商和賣方評級的方法來監控和改善供應商活動。

四、採購的組織

採購評估包括採購組織的各項目：

1. 採購人員

主要指採購人員的背景、培訓、發展程度以及積極性。

2. 採購管理

主要指採購部門的管理方式，包括採購策略的品質和有效性、行動計劃、報告程序等，還涉及管理風格和交流體系。

3. 採購程序和指導方針

這主要是指採購程序和採購人員、供應商的工作指令的有效性，目的是保證採購工作以最有效的方式進行。

4. 採購信息系統

這一主題與改善信息系統績效所付出的各種努力活動有關。這些活動應該支持採購人員和其他部門人員的日常工作，並且能夠產生與採購活動和績效有關的管理信息。

表 13-2-1 全面總結了採購績效評估的主要內容，並列舉了評估領域應用的一些績效評價參數。對任何採購組織進行綜合性評估，都必須單獨或全面地關注這些領域的每一個方面。因此，一個全面的採購績效評估系統，應對採購效果和採購效率進行監控，並應包括對每個關鍵行為活動的評估。

表 13-2-1　採購績效評估實例說明

主要內容	評估目標	連續發生/ 附帶發生	實　例
採購物資 成本和價格	採購物資的成本控制，採購成本的減少	連　續	物資預算、差異報告、價格波動、報告、採購週轉
採購物資的 產品/品質	早期採購涉及到的產品的設計和發展將要進行的品質控制和擔保檢查	連　續	在設計和工程設計中採購所花費的時間、初始樣本廢品率(%)
採購物流 和　供　應	運送可靠性需求的監控 (品質和數量)	連續/附帶	採購管理的訂貨間隔期、訂貨累計未交貨額(每一客戶)、緊急訂貨、每個供應商運送可靠性索引、材料短缺量、存貨週轉率、準時交貨量
採購人員 和　組　織	採購人員的培訓和激勵機制、採購管理品質、採購管理和程序、採購調查	連　續	採購部門的工作量和實踐分析、採購預算、採購和供應審計

第三節　採購績效評估的指標

採購作業必須達成適時、適量、適質、適價及適地等基本任務，因此，採購績效評估應以「5R」為中心，並以數量化的指標作為衡量採購績效的指標。

一、品質績效

採購的品質績效可由驗收記錄及生產記錄來判斷。驗收記錄是指供應商交貨時，為企業所接受(或拒收)的採購項目數量或百分比；生產記錄則是交貨後，在生產過程中發現品質不合格的項目數量或百分比。

　⑴進料驗收指標＝合格(或拒收)數量÷檢驗數量

　⑵在製品驗收指標＝可用(或拒用)數量÷使用數量

若進料品質管制採用抽樣檢驗的方式，則在製品品質管制發現品質不良的比率，將比進料品質管制採用全數檢驗的方式高。拒收或拒用比率愈高，顯示採購人員的品質績效愈差，因為未能找到理想的供應商。

二、數量績效

當採購人員為爭取數量折扣，以達到降低價格的目的時，即可能導致存貨過多，甚至發生呆料、廢料的情況。

　⑴費用指標。現有存貨利息費用與正常存貨水準利息費用的差額。

　⑵呆料、廢料處理損失指標。處理呆料、廢料的收入與其取得成

本的差額。

　　存貨積壓利息的費用愈大，呆料、廢料處理的損失愈高，顯示採購人員的數量績效愈差。不過此項數量績效，有時受到企業營業狀況、物料管理績效、生產技術變更或投機採購的影響，故並不一定完全歸咎於採購人員。

三、時間績效

　　這項指標是用以衡量採購人員處理訂單的效率，及對於供應商交貨時間的控制。延遲交貨，固然可能形成缺貨現象；但是提早交貨，也可能導致買方負擔不必要的存貨成本或提前付款的利息費用。

1. 緊急採購費用指標
　　緊急運輸方式(如空運)的費用與正常運輸方式的差額。

2. 停工斷料損失指標
　　事實上，除了前述指標所顯示的直接費用或損失外，尚有許多間接的損失。例如經常停工斷料，造成顧客訂單流失、作業員離職，以及恢復正常作業的機器必須做的各項調整(包括溫度、壓力等)；緊急採購會使得購入的價格偏高，品質欠佳；還包括趕工時間必須支付額外的加班費用。這些費用與損失，通常都未加以估算在此項績效指標內。

四、價格績效

　　價格績效是企業最重視也最常見的衡量標準。透過價格指標，可以衡量採購人員議價的能力以及供需雙方勢力的消長情形。

　　採購價差的指標，通常有下列數種：

　　⑴實際價格與標準成本的差額；

⑵實際價格與過去移動平均價格的差額；

⑶比較使用時的價格和採購時價格的差額；

⑷當期採購價格與基期採購價格之比率，與當期物價指數與基期物價指數之比率相互比較。

五、採購效率(活動)指標

以下是作為衡量採購效率的指標：

⑴採購金額；

⑵採購金額佔銷貨收入的百分比；

⑶訂購單的件數；

⑷採購人員的人數；

⑸採購部門的費用；

⑹新供應商開發個數；

⑺採購完成率；

⑻錯誤採購次數；

⑼訂單處理的時間。

現就新供應商開發個數、採購完成率及錯誤採購次數，說明如下：

1. 新供應商開發個數

為使供應來源充裕，對單一來源的商品，通常要求採購人員必須在一定期限內擴增供應商家數。此一績效指標，亦可以用單一來源商品佔所有 A 類商品的比率來衡量。

2. 採購完成率

這是衡量採購人員努力完成採購作業的績效。

完成率指標＝本月累計完成件數÷本月累計請購件數

完成件數有兩種計算標準，第一種標準是由採購人員簽發訂購單即算，另一種標準則必須等供應商交貨驗收完成才算。

　　不過，採購人員若為提高完成率，使議價流於形式或草率，則將得不償失；因此，若無脫銷的可能，完成率稍低也無妨。

3. 採購次數出錯

　　這是指未依有關的請購或採購作業程序處理的案件。譬如錯誤的請購單位、沒有預算的資本支出請購案、未經請購單位主管核准的案件、未經採購單位主管核准的訂購單等。

六、採購績效評估指標體系

1. 綜合指標體系

⑴品質；

⑵供應；

⑶實力；

⑷服務；

⑸成本；

⑹柔性；

⑺效率；

⑻穩定性。

2. 管理指標

⑴人員流動比率；

⑵採購專家/員工比率；

⑶信息系統配置/效率；

⑷流程匹配度；

⑸監控力度；

⑹服務滿意度。

3. 計劃指標

⑴認證計劃準確率；

⑵訂單計劃準確率；

⑶緊急訂單比率；

⑷庫存合理度。

4.認證指標

⑴物料品質；

⑵物料成本；

⑶採購週期；

⑷付款週期；

⑸獨家供應商比例；

⑹供應商流動比例；

⑺供應飽和度；

⑻採購柔性。

5.訂單處理指標

⑴及時供應率；

⑵緊急訂單完成率；

⑶庫存週轉率；

⑷組織效率；

⑸訂單週期。

6.開發指標

⑴採購品質；

⑵採購週期；

⑶採購成本；

⑷項目完成及時率；

⑸設計方案更改次數。

7.國際物流指標

⑴年國際物流量；

⑵國際物流週期；

⑶付款及時率；

⑷物流錯誤比率；

⑸投訴件數。

 # 第四節　採購績效評估的標準與方式

一、績效評估的標準

有了績效評估的指標以後，必須考慮依據何種標準，作為與目前實際績效比較的基礎。

1.以往績效

選擇企業以往的績效，作為評估目前績效的基礎，是相當正確、有效的做法。但要在企業採購部門無論組織、職責或人員等，均應沒有重大變動的情況下，才適合使用此項標準。

2.預算或標準績效

若過去的績效難以取得或採購業務變化甚大，則可以預算或標準績效作為衡量基礎。標準績效的設定，有下列三種原則：

⑴固定的標準。標準一旦建立，則不再更改。

⑵理想的標準。是指在完美的工作條件下應有的績效。

⑶可達成的標準。在現實情況下應該可以做到的水準。通常依據當前的績效加以衡量設定。

3.行業平均績效

若其他企業在採購組織、職責及人員等方面，均與本企業相似，則可與其績效比較，以辨別彼此在採購工作成效上的優劣。若個別企業的績效數據無法得知，則可以整個行業績效的平均水準來比較。

4.目標績效

預算和標準績效是代表在現行情況下,「應該」可以達成的工作績效;而目標績效則是在現實情況下,非經過一番特別的努力,否則無法完成的較高境界。目標績效代表企業管理當局,對工作人員追求最佳績效的「期望值」。

二、評估人員

1.採購部門主管

由於採購主管對所管轄的採購人員最為熟悉,且所有工作任務的指派,或工作績效的優劣,均在其直接督導之下,因此,由採購主管負責評估,可注意到採購人員的各種表現,並兼收監督與訓練的效果。

2.財務部門

採購金額佔企業支出的比例非常大。採購成本的節約,對於企業利潤的貢獻相當大;尤其在經濟不景氣時,對資金週轉的影響也很大。財務部門不但掌握企業產銷成本數據,對資金的取得與付出亦做全盤管制,所以,對採購部門的工作績效可以讓財務部門參與評估。

3.供應商

有些企業透過正式或非正式管道,向供應商探詢其對於採購部門或人員的意見,以間接瞭解採購作業的績效和採購人員的素質。

4.外界的專家或管理顧問

為避免企業各部門間的本位主義或門戶之見,可以特別聘請外界的採購專家或管理顧問,針對全盤的採購制度、組織、人員及工作績效,作客觀的分析與建議。

三、評估方式

採購績效的評估方式，可分為定期方式及不定期方式。

1. 定期考核

定期的評估是配合企業年人事考核制度進行，有時難免落入俗套。一般來說，以「人」的表現，如工作態度、學習能力、協調精神、忠誠程度等為考核內容，對採購人員的激勵及工作績效的提升，並無太大作用。若能以目標管理的方式，即從各種工作績效指標當中，選擇當年重要性比較高的3～7個項目訂為目標，年終按實際達成程度加以考核，則必能提升個人或部門的採購績效；並且因為摒除了「人」的抽象因素，以「事」的具體成就為考核重點，也比較客觀、公正。

2. 不定期考核

至於不定期的績效評估，則以專家方式進行。例如企業要求某項特定產品的採購成本降低10%。當設定期限一到，即評估實際的成果是否高於或低於10%，並就此成果給予採購人員適當的獎懲。這種評估方式，能提升採購人員的士氣。這種不定期的績效評估方式，特別適用於新商品開發計劃、資本性採購支出預算、成本降低項目等。

下列是採購主管、採購專員的績效評估重點，可作為參考。

表 13-4-1　採購經理的績效考核量表

考核指標	權重	評分標準	考核得分
採購成本節約率	15%	達到____%	
⑴採購及時率	10%	達到100%	
⑵採購計劃完成率	20%	達到100%	
⑶採購物資合格率	15%	達到____%以上	
⑷採購價格的合理性	10%	不得高於市場平均價格的____%	
供應商履約率	10%	達到____%以上	
⑵新開發供應商的數量	5%	新增____家	
⑶供應商滿意度評價	5%	滿意度評價達到____分以上	
⑷部門協作滿意度評價	5%	滿意度評價達到____分以上	
⑴培訓計劃完成率	5%	達到100%	
⑵員工任職資格達成率	5%	達到100%	

表 13-4-2　採購專員的績效考核量表

考核項	考核指標	權重	評分標準	考核得分
1. 採購信息收集	信息收集的及時性、準確性	5%	在規定的時間內完成信息收集工作，收集的信息準確率每低出1%，減____分	
2. 採購工作實施情況	⑴採購價格的合理性	10%	不得高於市場平均價格__%	
	⑵採購計劃完成率	20%	目標值為___%，每低出1%，減____分	
	⑶採購的及時性	15%	所需物資在___天以內滿足，每延遲1天，減____分	
	⑷訂單處理時間	15%	在___天以內處理完，每延遲1天，減____分	
3. 採購品質管理	採購物資合格率	15%	達到___%以上	
4. 供應商管理	⑴新供應商開發個數	10%	新增____家	
	⑵供應商履約率	10%	達到___%以上	

四、採購績效考核涉及的部門

　　因採購活動本身所涉及的環節較多，所以採購績效考核涉及的人員及部門也很多，如表所示。

表 13-4-3　採購績效考核涉及人員及部門一覽表

人員及部門	相關說明
採購部門主管	採購主管對下屬的採購員最熟悉，且所有工作任務的指派，或工作績效的好壞，均在其直接督導之下。因此由採購主管負責評估，可以注意人員的個別表現，並兼收監督與訓練的效果
工程、生產管制部門	當採購活動所涉及的產品品質及數量對企業的最終產出造成重大影響時，可由工程或生產管制人員參與採購部門的績效考核
會計、財務部門	會計部門或財務部門既掌握公司產銷成本數據，也對資金的取得與付出進行全盤管制。所以，會計部門或財務部門對採購部門的工作績效可選擇性地參與考核
供應商	公司可透過正式或非正式管道，向供應商探詢其對採購部門或人員的意見，以間接瞭解採購作業的績效和採購員的素質，來作為考核數據
外界專家、管理顧問	聘請外界的採購專家或管理顧問，可有效避免公司各部門之間的本位主義或門戶之見。同時，外界的採購專家或管理顧問可針對全盤的採購制度、組織、人員及工作績效，進行客觀的分析與建議

第五節　供應商績效考核後的處理

供應商績效考核只是一種手段，而並非目的。完成對供應商的績效考核工作之後，供應商管理部門還應依據供應商績效考核的結果，對供應商進行後續處理：對供應商進行分層分級、獎懲激勵供應商、協助供應商改善績效。只有這樣，才能達成供應商績效考核的目標。

一、供應商的分級管理

供應商分級管理，是指按績效考核結果，將供應類別的供應商進行等級劃分，並據之及時改進企業與供應商的合作策略，解決市場變化帶來的問題，避免損失及規避風險。

對供應商實行評分分級制度，滿分為 100 分，表 13-5-1 為供應商的等級劃分。

對不同等級供應商應採取不同的管理措施。對於不合格供應商，若其為壟斷性質供應商，企業應改善與供應商之間的關係，使之向二級或一級供應商轉變；若其為非壟斷性質供應商，則應根據其合作情況有無改善決定淘汰與否，並積極引入其他供應商。企業的分級管理，可以每隔 6 個月進行一次，對供應商級別進行調整。

表 13-5-1　供應商等級劃分

計分項目	得　分	評　價
品質狀況	100～90分	一級供應商，優秀供應商，應繼續加強與之合作關係，實現雙贏
交付情況	89～80分	二級供應商，合格供應商，應逐步改進、優化合作關係，向一級供應商方向發展而努力
服務品質	79～70分	三級供應商，需要進一步培訓與輔導或減量、暫停採購
價格水準	69分以下	不合格供應商，督促其改善，並視情況調整與其合作策略

二、對供應商的獎懲激勵

　　獎懲激勵供應商的目的在於，充分發揮供應商的積極性和主動性，做好物料供應工作，保證採購方企業的生產活動正常進行。對供應商實施有效的獎懲激勵，有利於增強供應商之間的適度競爭，保持對供應商之間的動態管理，提高供應商的服務水準，從而降低企業採購的風險。

1. 獎勵供應商的措施

　　根據供應商績效考核結果，向供應商提供獎勵性激勵，可以使供應商受到這樣的激勵後能夠「更上一層樓」。

　　供應商的激勵措施，如表所示。

表 13-5-2　供應商的激勵措施

激勵措施	說明	適用對象
延長 合作期限	把與供應商的合作期限延長，可以增強供應商業務的穩定性，降低其經營風險	適用於合作期限較短的供應商
增加 合作份額	增加訂單數額，可以提高供應商的營業額，提高其獲利能力	適用於具備更大產能、急於擴大營業額的供應商
增加 物品類別	增加合作的物品種類，可以使供應商一次性送貨的成本降低	適用于增加物品種類有利於降低其成本的供應商
書面表揚	增強供應商的美譽度和市場影響力	適用於對榮譽較為看重的供應商
頒發證書 或錦旗	提升供應商的美譽度	適用於對榮譽較為看重的供應商
現金或 實物獎勵	向供應商頒獎（獎金、獎品），這種獎勵更能起激勵作用	適用於對企業作出重大貢獻或特殊貢獻的供應商

2.懲罰供應商的措施

懲罰供應商屬於負激勵，一般用於業績不佳的供應商。其目的在於提高供應商的積極性，改進合作效果，維護企業利益不受損失。一般而言，有以下幾種懲罰措施可供參考。

⑴供應商品質不良或交期延誤所致損失，由供應商負賠償責任。

⑵考核成績連續 3 個月評定為 3 級以下者，接受訂單減量、各項稽查及改善輔導措施。

(3)考核成績連續 3 個月評定為 4 級，且未在限期內改善，停止交易。

　　獎罰激勵由企業的供應商管理部門根據績效考核結果提出，由部門經理審核，報分管副總經理批准後實施。實施對供應商的獎懲激勵後，要高度關注其行為，尤其是受到懲罰前後的變化，作為評價和改進供應商激勵方案的依據，以防止出現對企業不利的問題。

三、協助供應商改善績效

　　對於績效考核成績欠佳卻又基於價格或其他原因不便淘汰的供應商，採購方有必要採取措施協助供應商改善績效，協助供應商建立起一套有效的品質控制系統。

1. 協助供應商實現產品要求

　　當供應商接受採購訂單時，如果其對產品的要求都不清楚，那麼其產品品質很難達標。而解釋對產品的要求是採購方的責任。採購方應向供應商清晰地解讀圖紙、規格、檢驗程式、技術說明及報價要求，指導供應商實現產品要求。

　　如果供應商在瞭解了基本需求後，仍因能力欠缺而不能滿足產品要求，企業可酌情提供技術指導及其他方法上的幫助。

2. 協助供應商制定品質管制手冊

　　品質管制手冊是生產企業為產品和員工建立的書面品質標準，它在結構和深度上與工程、生產、採購等部門制定的手冊類似，並與它們共同使用。供應商如果沒有品質管制手冊，採購方可協助其建立。

3. 協助供應商建立記錄和跟蹤系統

　　採購方企業應協助供應商將客觀品質證據（用來向客戶證明產品是按照規格生產和檢測的一系列證明品質的資料）列入其管理體系。在某些情況下，客觀品質證據是管理部門為產品的銷售和使用頒發許

可證的基礎。在產品責任事件中，客觀品質證據可以是證明產品滿足所有材料和設計標準的基礎。

供應商應對發送給採購方的產品品質負責，因此也需要對從供應商和分銷商採購的製造產品的材料和零件的品質負責。供應商要保證他們購買的產品使用時安全並達到期望值，並有確鑿的記錄證明，客觀品質證據的作業就在於此，它可以確保產品從開始生產到加工的每個階段直至最終的銷售都被全程跟蹤。

第 **14** 章

附錄：採購管理制度

第一節　採購戰略管理制度

第1條　目的

為有效指導採購戰略工作，公司制定長遠的採購發展目標，確保採購戰略能夠支持公司的總體規劃與佈局，特制定本制度。本制度適用於公司採購戰略制定過程的目標設計、職責劃分、成本控制、策略制定等環節。

第2條　崗位職責

採購戰略規劃涉及的主要崗位職責如下表所示。

採購戰略規劃崗位職責一覽表

崗位	具體職責
採購總監	1. 主持採購戰略的規劃和制定工作，並審核採購規劃的科學性 2. 制定採購管理的流程和制度，確保採購工作規範化 3. 選擇合適的採購方式，制定成本控制和風險控制策略等
採購經理	1. 在採購總監的領導下，負責採購規劃的制定工作 2. 協助採購總監規劃採購部門職能，制定相關流程和制度 3. 對採購方式選擇、成本控制、風險控制等事項提出寶貴意見
採購人員	1. 負責收集採購與供應市場的資訊和相應的趨勢 2. 負責編制採購規劃過程中的各類相關文件

第 3 條　公司採購戰略規劃分析

1. 在制定採購戰略規劃之前，採購人員需準確瞭解公司長期的發展規劃，主要應包括未來 5～10 年公司主要的發展方向。

2. 採購人員還需分析公司戰略成本，從中長期發展的角度來判別公司的成本構成情況和趨勢。

第 4 條　採購環境分析

採購部對採購環境的分析主要包括以下工作要點，具體如下所示。

1. 分析目的：

· 增強公司採購工作的適應性

· 保證採購戰略決策的正確性

2. 分析內容：

· 微觀環境：包括領導的重視程度、對採購工作的支援力度、資訊技術的應用程度

· 宏觀環境：分析所採購物資的市場是屬於完全競爭市場、壟斷競爭市場、寡頭壟斷市場，還是完全壟斷市場

3. 採購預測：

· 確定採購服務和生產、存儲設備的能力，主要包括數量、品質、成本和其他屬性

· 將採購預測能力轉化為對採購工作的要求，並確定採購業務目標

4. 分析步驟：

· 確定採購環境分析目標

· 收集和分析間接資料

· 設計採購環境調研方案

· 實施採購環境調查

· 編寫採購環境分析報告

第 5 條　確定採購戰略目標

1. 在對公司戰略規劃和採購環境進行分析之後，採購總監需在採購經理的協助下，確定公司採購的中長期戰略目標。

2. 採購戰略目標包括採購作業目標，採購品質目標，採購數量，採購方式，採購人員和組織，採購價格與成本目標等內容。

3. 戰略目標制定後，應及時上報總經辦審核，審批通過後，需作為採購工作規劃的指導性綱領。

第 6 條　採購流程優化設計

1. 採購總監、採購經理應根據下級人員提交的現有採購流程狀況進行分析、整合，找出需要進行流程優化的步驟。

2. 採購規劃人員應在對現有流程進行充分論證的基礎上，與相關作業人員一起制定出新的採購流程，提高採購工作效率。

第 7 條　確定採購相關標準

1. 制定採購標準。採購規劃人員應當及時制定採購標準，包括採購交期標準、物資接收標準、供應商品質標準等，並形成相應的標準檔。

2.物資接收標準。物資接收標準將作為公司統一的物資管理指導性文件，其中應該描述以下六個方面的內容。

⑴收貨品質檢驗方法、檢驗程序。

⑵採購物資的驗收標準和政策。

⑶第三方加工的程序和管理辦法，物資返工、返回和報廢處理的原則。

⑷危險物資的管理辦法。

⑸收貨差異的處理方法。

⑹收貨品質問題的解決方法等。

3.供應商管理標準。採購規劃人員需確定本公司的供應商管理標準和政策，並及時編制相應的指導檔。

第 8 條　確定合理的採購方式

採購規劃人員應當確定合理的標準，明確規定在滿足何種情況下採用何種採購方式，具體內容如下。

1.確定招標採購需滿足的採購規模，對於在此規模以上的採購項目，原則上均採用招標採購方式。

2.確定採購外包需滿足的條件，並嚴格控制外包商資質。

3.確定集中採購和分散採購的物資類型。

4.確定內部、外部採購需滿足的條件，並確定在何種情況下必須採用內部採購。

第 9 條　確定採購風險及成本管理措施

1.制定採購成本控制策略。採購規劃人員需制定新規劃期內的採購成本控制策略、成本控制計劃，並確定主要責任人和實施要項，以指導規劃期內採購成本控制工作。

2.制定採購風險規避措施。採購規劃人員還需根據過去工作中出現的採購風險制定相應的採購風險規避措施，確定完善的供應商維護策略，從採購品質、交期、價格、售後服務、財務等方面規避採購風

險。

第 10 條　形成完善的採購戰略

做好採購戰略規劃的各步驟之後，採購人員應及時編制各類文件，形成完整的採購戰略規劃書，作為規劃期內採購活動的指導綱要。

1. 採購戰略規劃應包括的內容主要有以下 10 點。

· 採購工作的目標要求

· 採購品質標準規劃

· 採購方式的選擇要求

· 採購人員的組織結構

· 如何確定合適的採購時機

· 如何確定採購價格，如何確定原則

· 供應商選擇和維護策略

· 採購成本降低計劃及實施措施

· 採購風險規避策略

· 各類採購標準作業程序

2. 採購人員需不斷根據實際情況修改採購戰略規劃，使戰略適應公司內外部環境。

第二節　採購管理辦法

　　為了提高公司採購效率，明確崗位職責，有效降低採購成本，滿足公司對優質資源的需求，進一步規範採購流程，加強與各部門間的配合，特制訂本制度。

一、請購及其規定

1. 請購單的要素
完整的請購單應包括以下要素。

(1)請購的部門。

(2)請購物品所屬項目。

(3)請購的用途。

(4)請購的物品名。

(5)請購的物品數量。

(6)請購的物品規格。

(7)請購物品的樣品、圖片或詳細參數資料等。

(8)請購的物品的需求時間。

(9)請購如有特殊需要請備註。

(10)請購單填寫人。

(11)請購部門主管。

(12)請購單審核人。

(13)財務審核人。

(14)公司總經理。

2. 請購單及其提報規定

(1)請購單應按照要素填寫完整、清晰，由公司審核批准後報採購部門。

(2)固定資產申購按照固定資產購置申請表的格式進行填寫提報。

(3)其他材料設備及工程項目申購按照物資採購申請表的格式填寫提報。

(4)日常零星採購按照公司印製的物資採購審批單的格式填寫提報。

(5)請購部門在提報請購單時應要求採購部簽字，請購部門備份。

(6)涉及的請購數量過多時可以附件清單的形式進行提交，為提高效率該清單的電子文檔也需一併提交。

(7)遇公司生產、生活急需的物資，公司上級不在的情況，可以電話或其他形式請示，徵得同意後提報採購部門，簽字確認手續後補。

(8)如果是單一來源採購或指定採購廠家及品牌的產品，請購部門必須作出書面說明。

(9)請購單的更改和補充應以書面形式由公司主管簽字後報採購部。

3. 公司物資請購單的提報部門

(1)公司經營生產的物資、勞務、固定資產、工程及其他項目由生產部門提報。

(2)公司生活及辦公的物資、固定資產、服務或其他生活及辦公項目由辦公室提報。

(3)公司各部門專用的物資由各部門自行提報。

二、請購單的接收及分發規定

1.請購的接收要點

(1)採購部在接收請購單時應檢查請購單的填寫是否按照規定填寫完整、清晰，檢查請購單是否經過公司審批。

(2)接收請購單時應遵循無計劃不採購、名稱規格等不完整清晰不採購、圖片或詳細參數資料不全不採購、庫存已超儲積壓的物資不採購的原則。

(3)通知倉庫管理人員核查請購物資是否有庫存。

(4)對於不符合規定和撤銷的請購物資應及時通知請購部門。

2.請購單的分發規定

(1)對於請購單採購部應按照人員分工和崗位職責進行分工處理。

(2)對於緊急請購項目應優先處理。

(3)無法於請購部門需求日期辦妥的應通知請購部門。

(4)重要的項目採購前應徵求公司相關主管的建議。

3.採購週期的規定

(1)常規商品採購週期在 7 天。

(2)遇到緊急採購應彙報公司採取快速優先採購的策略，緊急採購商品週期在 3 天時間。

三、詢價及其規定

(1)詢價請應認真審閱請購單的品名、規格、數量、名稱，瞭解圖紙及其技術要求，遇到問題應及時與請購部門溝通。

(2)屬於相同類型或屬性近似的產品應整理、歸類集中打包採購。

(3)對於緊急請購項目應優先處理。

(4)所有採購項目必須向生產廠家或服務商直接詢價，原則上不透過其代理或各種仲介機構詢價。

(5)對於請購部門需求的物資或設備如有成本較低的替代品可以推薦採購替代品。

(6)遇到重要的物資、項目或預估單次採購金額大於 10 萬元的採購情況，詢價前應先向公司彙報擬邀請報價或投標單位的基本情況，按照「擬報價、招標單位名單」的格式提報公司批准方可詢價或發放標書。

(7)詢價時對於相同規格和技術要求應對不同品牌進行詢價。

(8)除固定資產外單次採購金額在 1 萬元以下項目可以自行採購；單次採購金額預算金額在 1 萬元以上的所有項目都應要求至少三家以上的供應商參與比價或招標採購，比價或招標項目應至少邀請四家以上單位參與；單次採購金額預算價格在 20 萬元以上的項目應由採購部組織招標，公司參與監督；單次採購金額預算價格在 100 萬元以上的項目由公司決定是否委託第三方機構代理招標。

(9)比價採購或招標採購所邀請的單位均應具備一定資質和實力，具有提供或完成我公司所需物資和項目的能力。

(10)比價採購或招標採購應按照材料或設備詢價表的格式或擬定完整的招標文件格式進行詢價。

(11)在詢價時遇到特殊情況應書面報請公司批示。

四、比價、議價

(1)對廠商的供應能力、交貨時間及產品或服務品質進行確認。

(2)對於合格供應商的價格水準進行市場分析，是否其他廠商的價格最低，所報價格的綜合條件更加突出。

(3)收到供應單位第一次報價或進行開標後應向公司彙報情況，設

定議價目標或理想中標價格。

(4)重要項目應透過一定的方法對於目標單位的實力、資質進行驗證和審查，如透過進行實地考察瞭解供應商的各方面的實力等。

(5)參考目標或理想中標價格與擬合作單位或擬中標單位進行價格及條件的進一步談判。

五、比價、議價結果匯總

(1)比價、議價匯總前應彙報公司，徵得同意後方可匯總。

(2)比價、議價結果匯總應按照「比價、招標匯總表」的格式完整列出報價、工期、付款方式及其他價格條件，列出擬選用單位及選用理由，按照一定順序逐一審核。

(3)如比價、議價結果未通過公司審核，應進行修改或重新處理。

六、合約的簽訂及其規定

合約是當事人或當事雙方之間設立、變更、終止民事關係的協議。依法成立的合約，受法律保護。廣義合約指所有法律部門中確定權利、義務關係的協議。

1. 合約正文應包含的要素

(1)合約名稱、編號、簽訂時間、簽訂地點。

(2)採購物品、項目的名稱、規格、數量或工程量、單價、總價及合約總額；清單、技術文件與確認圖紙是合約不可分割的部份。

(3)包裝要求。

(4)合約總額應含稅，含運達公司的總價，特殊情況應註明。

(5)付款方式。

(6)工期。

(7)品質保證期。

(8)品質要求及規範。

(9)違約責任和解決糾紛的辦法。

(10)雙方的公司信息。

(11)其他約定。

2. 合約簽訂及其規定

(1)如涉及技術問題及公司機密的，注意保密責任。

(2)擬定合約條款時一定要將各種風險降低到最低。

(3)為防止合約工程量追加或追加無依據，打包採購時要求供貨方提供分項報價清單。

(4)遇貨物訂購數量較多且價值較大或難清點的情況時務必請廠商派代表來場協助清點。

(5)質保期一定要明確從什麼時候開始並應儘量要求廠商延長產品質保期。

(6)詳細約定發票的提供時間及要求。

(7)針對不同的合約約定不同的付款方式，如設備類的合約一般應分按照預付款、驗收款、調試服務款、品質保證金的順序明確付款額度、付款時間和付款條件等。

(8)與初次合作的單位合作時，應少付預付款或不付預付款。

(9)違約責任一定要詳細、具體。

(10)比價、招標匯總表巡簽完畢後方可進行合約的簽訂工作。

(11)合約簽訂應按照《合約審查批准單》的格式對合約初稿進行巡簽審查。

(12)合約巡簽審查通過後應由公司簽字，加蓋公司合約章方可生效。

(13)簽訂的所有合約應及時報送財務部門。

七、付款及合約執行

1. 付款規定

(1)所有已簽訂合約付款時應參照公司的相關規定執行。

(2)按照進度付款的採購項目必須確保質檢合格方可付款。

(3)按照貴司規定和合約約定達到付款條件的合約在付款時應填寫「資金支出審批單」或「付款審批單」，該審批單巡簽完畢後提交財務部付款。

(4)財務部門在接到付款審批單後應在 3 天內付款，以免影響合約的執行和供貨週期，遇特殊情況限延期付款的應及時通知採購部並彙報公司。

2. 合約執行

(1)已簽訂合約由採購部項目負責人負責跟進，由採購部負責人進行監督，如出現問題，採購部應及時提出建議或補救措施，並及時通知請購部門及公司主管。

(2)已簽訂的合約在執行期間，應及時掌握合作單位對於合約義務和責任的履行情況，跟蹤並督促其保質保量，按時履約。

(3)合約在履行期間應按照約定嚴格執行合約，遇未盡事宜應及時協商並簽訂補充合約。

八、報驗與入庫

1. 報驗

(1)供應單位已經履行完畢的合約，採購部應及時通知質檢部門進行驗收。

(2)對於不同類型的合約的標的物的驗收標準參照公司質檢部門的

相關規定執行。

(3)達到質檢和報驗條件的合約標的物應在第一時間報請質檢部門進行質檢、驗收。

(4)質檢部門在接到採購部報驗通知後應及時報驗，並出具報驗結果證明書，對於質檢不及時延遲生產部門使用或不能入庫的情況質檢部門應負主要責任。

(5)用於公司生活和辦公的物資不在公司質檢部質檢範圍之內。

2.入庫

(1)公司所有的生產材料、設備及外協加工件入庫前均應透過質檢部門的檢驗或驗收。

(2)合約標的物在運達公司後採購部應及時通知請購部門，由請購部門及時安排卸貨與搬運。

(3)質檢部門未及時驗收的合約標的物，倉庫在收到送貨清單後應將其作為暫存物資接受。

(4)質檢部門已經驗收的產品倉庫應及時入庫，並及時出具入庫清單。

(5)外協加工件應按照原材料入庫。

(6)質檢合格後的固定資產及服務按照公司財務規定不入庫。

第三節　採購績效評估辦法

第 1 條　考核目的

為保證公司所需物資能及時、保質保量地得到供應，同時提高員工的工作績效和工作積極性，從而提高公司整體績效，最終實現公司戰略目標，特制定採購績效評估制度。

第 2 條　考核對象

本制度適用於採購部所有正式員工，下列人員不列為年考核實施範圍。

⑴試用期人員。

⑵停薪留職及複職未達半年者。

⑶連續工作曠職達 30 天以上者。

第 3 條　考核實施的作用

該制度的實施，有如下五個方面的作用。

⑴確保公司採購目標的達成。

⑵提供績效改進的依據。

⑶作為員工個人或部門獎懲的依據之一。

⑷為員工職位變動、教育與培訓提供較為有效的參考。

⑸提高採購人員的工作積極性。

第 4 條　考核分為月考核、半年考核及年考核三種，其具體實施時間如表 14-2-1 所示。

表 14-2-1　考核實施時間

考核類別	考核實施時間	考核結果應用
月考核	月底	與每月薪資掛鈎
季考核	下一季的月初	薪資調整、培訓計劃制訂的依據、職位調整、季獎金
年考核	下一年的 1 月份	薪資調整、年培訓計劃制訂的依據、職位調整、年獎金

第 5 條　公司內部人員

　　被考核者的直接上級作為考核最主要的負責人之一，必須對下屬的工作表現做出客觀公正的評價，並有效地利用績效考核，不斷提升自己的管理水準及管理效果。人力資源部工作人員對考核工作給予組織、協調和監控，被考核者的同事及被考核者本人需積極參與公司的績效管理工作，其具體內容如表 14-2-2 所示。

表 14-2-2　職責劃分

人　員	職　責
採購部經理	1. 考核結果的審核、審批 2. 具體組織、實施本部門的員工績效考核工作，客觀公正地對下屬進行評估 3. 與下屬進行溝通，幫助下屬認識到工作中存在的問題，並與下屬共同制訂績效改進計劃和培訓發展計劃
被評估者	1. 學習和瞭解公司的績效考核制度 2. 積極配合部門主管討論並制訂本人的績效改進計劃和標準 3. 對績效考核中出現的問題積極主動地與財務主管或人力資源部進行溝通
人力資源部工作人員	1. 績效考核工作前期的宣傳、培訓、組織 2. 考核過程中的監督、指導 3. 考核結果的匯總、整理 4. 應用績效評估結果進行相關的人事決策

第6條　外部相關人員

由於採購人員的工作與供應商聯繫緊密，因此，供應商的意見也可以作為對採購人員績效評估的參考依據。

第7條　考核內容

⑴工作業績考核的指標如下表所示。

表 14-2-3　採購工作業績考核指標

考核項目	考核指標	
工作業績考核	品質指標	進料驗收指標
		在製品驗收指標
	數量指標	儲存費用指標
		呆料、廢料處理損失指標
	時間指標	緊急採購費用指標
		停工斷料損失指標
	價格指標	實際價格與標準成本的差額
		實際成本與過去移動平均價格的差額
	採購效率 (活動)指標	採購金額
		新供應商開發個數
		錯誤採購次數
		訂單處理的時間
		採購計劃完成率
	管理類指標	部門人員流動率
		部門協作滿意度

⑵人事考核主要包括以下兩大方面。

①考勤。

②個人行為鑑定，主要是指被評估者在日常工作中，違反公司相關制度而被懲罰或有突出性的工作表現而進行績效評定的結果。

第 8 條　考核方法

根據工作職位說明書，對各工作崗位的工作內容、工作要求等分別確定各崗位、各部門的考核內容與評分標準，並編制表格，根據員工的實際工作成果實施考核。

第 9 條　績效面談是提高績效的有效途徑，各部門主管必須在考核結束後七天內安排績效面談。

第 10 條　績效面談所記錄的內容將作為員工下一步績效改進的目標。

第 11 條　上級考核必須公正、公平、認真、負責，上級不負責或不公正者，一經發現將給予降職、扣除當月績效獎或進行扣分處理。

第 12 條　各部門負責人要認真組織，慎重打分，凡在考核中消極應付，將給予扣分甚至扣除全月績效獎和崗位津貼。

第 13 條　考核工作必須在規定的時間內完成。

第 14 條　如果弄虛作假，考核者與被考核者的績效一律按公司相關規定進行相應的處理。

第 15 條　提交申訴

⑴被考核人如對考核結果不清楚或者持有異議，可以採取書面形式向人力資源部績效考核管理人員申訴。

⑵員工以書面形式提交申訴書。申訴書內容包括申訴人姓名、所在部門、申訴事項、申訴理由等。

第 16 條　申訴受理

人力資源部績效考核管理人員接到員工申訴後，應在三個工作日內做出是否受理的答覆。對於申訴事項無客觀事實依據，僅憑主觀臆

斷的不予受理。

第 17 條　申訴處理

首先由所在部門的考核管理負責人對員工申訴內容進行調查，然後與員工的直接上級、共同上級、所在部門負責人進行協調、溝通。不能協調的，上報公司人力資源部進行協調。

第 18 條　申訴處理答覆

人力資源部應在接到申訴申請書的五個工作日內明確答覆申訴人。

第 19 條　公司人力資源部負責本制度的制定、修改、廢除等工作，報總經理審批後組織實施。

第 20 條　本制度從頒佈之日起實施。

第四節　採購稽核管理辦法

第 1 條　目的為規範採購人員行為，提高採購活動的規範性、公平性，特制定本制度。

第 2 條　適用範圍

對公司整個資產的採購、驗收、管理等程序進行稽核。

第 3 條　稽核小組人員構成

稽核小組成員由公司企業管理部、財務部、人力資源部的相關人員組成。

第 4 條　稽核內容

採購稽核主要從採購預算稽核、請購作業稽核、比價作業稽核、訂購作業稽核、驗收作業稽核五方面進行。各方面的稽核重點與稽核依據如表所示。

表 14-3-1　採購稽核重點與依據

稽核內容	稽核重點	依據
採購預算管理	1. 採購預算的編制是否考慮存貨定量及定價管制，以及是否制定了 ABC 分類標準 2. 採購預算是否與銷售計劃、生產計劃、庫存狀況等相配合 3. 採購預算是否得到全面執行，若與實際採購費用存在差異，是否對採購預算進行修正	請購單、銷售計劃、生產計劃
請購作業	1. 請購是否與預算相符，並按照核准權限核准 2. 請購單(數量、規格等)變更是否按照相關程序進行 3. 緊急採購原因分析	請購單、安全存量控制表
比價作業	1. 詢價管理 2. 招標管理 3. 採購合約管理	詢價單、採購合約
訂購作業	1. 合約的規範性、合法性 2. 採購合約的執行情況 3. 訂單發出後有無跟蹤控制 4. 因某種原因當供應商沒有按約定的日期將採購物資送達時，採購部是否採取了相應的措施以保證企業正常生產	請購單、採購合約
驗收作業	1. 採購物資到達時，採購部是否會同(採購物資)使用部門、品質管理部及其他相關部門共同對採購物資進行驗收 2. 相關技術部門是否派專業技術人員對採購物資進行驗收 3. 採購物資不符合標準時，是否採取了相關的有效措施 4. 檢驗人員是否依據相關單據，對採購物資的品名、數量、單價等逐一點檢，並做好相應記錄	入庫驗收單送貨發票

第 5 條　稽核方式

稽核採取定期與不定期兩種方式，定期稽核為每季一次，具體稽核工作由稽核小組組長負責。

第 6 條　本制度由人力資源部擬定，經總經理審批後執行。

第 7 條　本制度自頒佈之日起施行。

心得欄

企業的核心競爭力，就在這里！

圖書出版目錄

憲業企管顧問（集團）公司為企業界提供診斷、輔導、培訓等專項工作。下列圖書是由臺灣的憲業企管顧問（集團）公司所出版，自 1993 年秉持專業立場，特別注重實務應用，50 餘位顧問師為企業界提供最專業的經營管理類圖書。

選購企管書，敬請認明品牌：**憲業企管公司。**

1. 傳播書香社會，直接向本出版社購買，一律 9 折優惠，郵遞費用由本公司負擔。服務電話(02)27622241　(03)9310960　　傳真(03)9310961
2. 付款方式：請將書款轉帳到我公司下列的銀行帳戶。
   - 銀行名稱：合作金庫銀行（敦南分行）　帳號：**5034-717-347447**
   公司名稱：憲業企管顧問有限公司
   - 郵局劃撥號碼：**18410591**　郵局劃撥戶名：憲業企管顧問公司

3. 圖書出版資料每週隨時更新，請見網站 www.bookstore99.com

經營顧問叢書

25	王永慶的經營管理	360 元
52	堅持一定成功	360 元
56	對準目標	360 元
60	寶潔品牌操作手冊	360 元
78	財務經理手冊	360 元
79	財務診斷技巧	360 元
91	汽車販賣技巧大公開	360 元
97	企業收款管理	360 元
100	幹部決定執行力	360 元
122	熱愛工作	360 元
129	邁克爾·波特的戰略智慧	360 元
130	如何制定企業經營戰略	360 元

135	成敗關鍵的談判技巧	360 元
137	生產部門、行銷部門績效考核手冊	360 元
139	行銷機能診斷	360 元
140	企業如何節流	360 元
141	責任	360 元
142	企業接棒人	360 元
144	企業的外包操作管理	360 元
146	主管階層績效考核手冊	360 元
147	六步打造績效考核體系	360 元
148	六步打造培訓體系	360 元
149	展覽會行銷技巧	360 元
150	企業流程管理技巧	360 元

152	向西點軍校學管理	360 元
154	領導你的成功團隊	360 元
163	只為成功找方法，不為失敗找藉口	360 元
167	網路商店管理手冊	360 元
168	生氣不如爭氣	360 元
170	模仿就能成功	350 元
176	每天進步一點點	350 元
181	速度是贏利關鍵	360 元
183	如何識別人才	360 元
184	找方法解決問題	360 元
185	不景氣時期，如何降低成本	360 元
186	營業管理疑難雜症與對策	360 元
187	廠商掌握零售賣場的竅門	360 元
188	推銷之神傳世技巧	360 元
189	企業經營案例解析	360 元
191	豐田汽車管理模式	360 元
192	企業執行力（技巧篇）	360 元
193	領導魅力	360 元
198	銷售說服技巧	360 元
199	促銷工具疑難雜症與對策	360 元
200	如何推動目標管理（第三版）	390 元
201	網路行銷技巧	360 元
204	客戶服務部工作流程	360 元
206	如何鞏固客戶（增訂二版）	360 元
208	經濟大崩潰	360 元
215	行銷計劃書的撰寫與執行	360 元
216	內部控制實務與案例	360 元
217	透視財務分析內幕	360 元
219	總經理如何管理公司	360 元
222	確保新產品銷售成功	360 元
223	品牌成功關鍵步驟	360 元
224	客戶服務部門績效量化指標	360 元
226	商業網站成功密碼	360 元
228	經營分析	360 元
229	產品經理手冊	360 元
230	診斷改善你的企業	360 元
232	電子郵件成功技巧	360 元
234	銷售通路管理實務〈增訂二版〉	360 元
235	求職面試一定成功	360 元
236	客戶管理操作實務〈增訂二版〉	360 元
237	總經理如何領導成功團隊	360 元
238	總經理如何熟悉財務控制	360 元
239	總經理如何靈活調動資金	360 元
240	有趣的生活經濟學	360 元
241	業務員經營轄區市場（增訂二版）	360 元
242	搜索引擎行銷	360 元
243	如何推動利潤中心制度（增訂二版）	360 元
244	經營智慧	360 元
245	企業危機應對實戰技巧	360 元
246	行銷總監工作指引	360 元
247	行銷總監實戰案例	360 元
248	企業戰略執行手冊	360 元
249	大客戶搖錢樹	360 元
252	營業管理實務（增訂二版）	360 元
253	銷售部門績效考核量化指標	360 元
254	員工招聘操作手冊	360 元
256	有效溝通技巧	360 元
258	如何處理員工離職問題	360 元
259	提高工作效率	360 元
261	員工招聘性向測試方法	360 元
262	解決問題	360 元
263	微利時代制勝法寶	360 元
264	如何拿到 VC（風險投資）的錢	360 元
267	促銷管理實務〈增訂五版〉	360 元
268	顧客情報管理技巧	360 元
269	如何改善企業組織績效〈增訂二版〉	360 元
270	低調才是大智慧	360 元
272	主管必備的授權技巧	360 元
275	主管如何激勵部屬	360 元
276	輕鬆擁有幽默口才	360 元
278	面試主考官工作實務	360 元
279	總經理重點工作（增訂二版）	360 元
282	如何提高市場佔有率（增訂二版）	360 元

283	財務部流程規範化管理（增訂二版）	360元
284	時間管理手冊	360元
285	人事經理操作手冊（增訂二版）	360元
286	贏得競爭優勢的模仿戰略	360元
287	電話推銷培訓教材（增訂三版）	360元
288	贏在細節管理（增訂二版）	360元
289	企業識別系統CIS（增訂二版）	360元
290	部門主管手冊（增訂五版）	360元
291	財務查帳技巧（增訂二版）	360元
293	業務員疑難雜症與對策（增訂二版）	360元
295	哈佛領導力課程	360元
296	如何診斷企業財務狀況	360元
297	營業部轄區管理規範工具書	360元
298	售後服務手冊	360元
299	業績倍增的銷售技巧	400元
300	行政流程規範化管理（增訂二版）	400元
302	行銷流程規範化管理（增訂二版）	400元
304	生產部流程規範化管理（增訂二版）	400元
305	績效考核手冊(增訂二版)	400元
307	招聘作業規範手冊	420元
308	喬·吉拉德銷售智慧	400元
309	商品鋪貨規範工具書	400元
310	企業併購案例精華（增訂二版）	420元
311	客戶抱怨手冊	400元
314	客戶拒絕就是銷售成功的開始	400元
315	如何選人、育人、用人、留人、辭人	400元
316	危機管理案例精華	400元
317	節約的都是利潤	400元
318	企業盈利模式	400元
319	應收帳款的管理與催收	420元

320	總經理手冊	420元
321	新產品銷售一定成功	420元
322	銷售獎勵辦法	420元
323	財務主管工作手冊	420元
324	降低人力成本	420元
325	企業如何制度化	420元
326	終端零售店管理手冊	420元
327	客戶管理應用技巧	420元
328	如何撰寫商業計畫書（增訂二版）	420元
329	利潤中心制度運作技巧	420元
330	企業要注重現金流	420元
331	經銷商管理實務	450元
332	內部控制規範手冊（增訂二版）	420元
333	人力資源部流程規範化管理（增訂五版）	420元
334	各部門年度計劃工作（增訂三版）	420元
335	人力資源部官司案件大公開	420元
336	高效率的會議技巧	420元
337	企業經營計劃〈增訂三版〉	420元
338	商業簡報技巧（增訂二版）	420元
339	企業診斷實務	450元
340	總務部門重點工作（增訂四版）	450元
341	從招聘到離職	450元
342	職位說明書撰寫實務	450元

《商店叢書》

18	店員推銷技巧	360元
30	特許連鎖業經營技巧	360元
35	商店標準操作流程	360元
36	商店導購口才專業培訓	360元
37	速食店操作手冊〈增訂二版〉	360元
38	網路商店創業手冊〈增訂二版〉	360元
40	商店診斷實務	360元
41	店鋪商品管理手冊	360元
42	店員操作手冊（增訂三版）	360元
44	店長如何提升業績〈增訂二版〉	360元

117	部門績效考核的量化管理（增訂八版）	450 元
118	採購管理實務〈增訂九版〉	450 元

《醫學保健叢書》

23	如何降低高血壓	360 元
24	如何治療糖尿病	360 元
25	如何降低膽固醇	360 元
26	人體器官使用說明書	360 元
27	這樣喝水最健康	360 元
28	輕鬆排毒方法	360 元
29	中醫養生手冊	360 元
32	幾千年的中醫養生方法	360 元
34	糖尿病治療全書	360 元
35	活到120歲的飲食方法	360 元
36	7天克服便秘	360 元
37	為長壽做準備	360 元
39	拒絕三高有方法	360 元
40	一定要懷孕	360 元
41	提高免疫力可抵抗癌症	360 元
42	生男生女有技巧〈增訂三版〉	360 元

《培訓叢書》

12	培訓師的演講技巧	360 元
15	戶外培訓活動實施技巧	360 元
21	培訓部門經理操作手冊（增訂三版）	360 元
23	培訓部門流程規範化管理	360 元
24	領導技巧培訓遊戲	360 元
26	提升服務品質培訓遊戲	360 元
27	執行能力培訓遊戲	360 元
28	企業如何培訓內部講師	360 元
31	激勵員工培訓遊戲	420 元
32	企業培訓活動的破冰遊戲（增訂二版）	420 元
33	解決問題能力培訓遊戲	420 元
34	情商管理培訓遊戲	420 元
36	銷售部門培訓遊戲綜合本	420 元
37	溝通能力培訓遊戲	420 元
38	如何建立內部培訓體系	420 元
39	團隊合作培訓遊戲(增訂四版)	420 元
40	培訓師手冊（增訂六版）	420 元
41	企業培訓遊戲大全(增訂五版)	450 元

《傳銷叢書》

4	傳銷致富	360 元
5	傳銷培訓課程	360 元
10	頂尖傳銷術	360 元
12	現在輪到你成功	350 元
13	鑽石傳銷商培訓手冊	350 元
14	傳銷皇帝的激勵技巧	360 元
15	傳銷皇帝的溝通技巧	360 元
19	傳銷分享會運作範例	360 元
20	傳銷成功技巧（增訂五版）	400 元
21	傳銷領袖（增訂二版）	400 元
22	傳銷話術	400 元
24	如何傳銷邀約（增訂二版）	450 元

《幼兒培育叢書》

1	如何培育傑出子女	360 元
2	培育財富子女	360 元
3	如何激發孩子的學習潛能	360 元
4	鼓勵孩子	360 元
5	別溺愛孩子	360 元
6	孩子考第一名	360 元
7	父母要如何與孩子溝通	360 元
8	父母要如何培養孩子的好習慣	360 元
9	父母要如何激發孩子學習潛能	360 元
10	如何讓孩子變得堅強自信	360 元

《智慧叢書》

1	禪的智慧	360 元
2	生活禪	360 元
3	易經的智慧	360 元
4	禪的管理大智慧	360 元
5	改變命運的人生智慧	360 元
6	如何吸取中庸智慧	360 元
7	如何吸取老子智慧	360 元
8	如何吸取易經智慧	360 元
9	經濟大崩潰	360 元
10	有趣的生活經濟學	360 元
11	低調才是大智慧	360 元

《DIY叢書》

1	居家節約竅門DIY	360 元
2	愛護汽車DIY	360 元

3	現代居家風水 DIY	360 元
4	居家收納整理 DIY	360 元
5	廚房竅門 DIY	360 元
6	家庭裝修 DIY	360 元
7	省油大作戰	360 元

為方便讀者選購，本公司將一部分上述圖書又加以專門分類如下：

《主管叢書》

1	部門主管手冊（增訂五版）	360 元
2	總經理手冊	420 元
4	生產主管操作手冊（增訂五版）	420 元
5	店長操作手冊（增訂六版）	420 元
6	財務經理手冊	360 元
7	人事經理操作手冊	360 元
8	行銷總監工作指引	360 元
9	行銷總監實戰案例	360 元

《總經理叢書》

1	總經理如何經營公司(增訂二版)	360 元
2	總經理如何管理公司	360 元
3	總經理如何領導成功團隊	360 元
4	總經理如何熟悉財務控制	360 元
5	總經理如何靈活調動資金	360 元
6	總經理手冊	420 元

《人事管理叢書》

1	人事經理操作手冊	360 元
2	從招聘到離職	450 元
3	員工招聘性向測試方法	360 元
5	總務部門重點工作（增訂四版）	450 元
6	如何識別人才	360 元
7	如何處理員工離職問題	360 元
8	人力資源部流程規範化管理（增訂五版）	420 元
9	面試主考官工作實務	360 元
10	主管如何激勵部屬	360 元
11	主管必備的授權技巧	360 元
12	部門主管手冊（增訂五版）	360 元

《理財叢書》

1	巴菲特股票投資忠告	360 元
2	受益一生的投資理財	360 元
3	終身理財計劃	360 元
4	如何投資黃金	360 元
5	巴菲特投資必贏技巧	360 元
6	投資基金賺錢方法	360 元
7	索羅斯的基金投資必贏忠告	360 元
8	巴菲特為何投資比亞迪	360 元

請保留此圖書目錄：

　　未來在長遠的工作上，此圖書目錄

可能會對您有幫助！！

在海外出差的………
台 灣 上 班 族

　　愈來愈多的台灣上班族，到大陸工作(或出差)，對工作的努力與敬業，是台灣上班族的核心競爭力；一個明顯的例子，返台休假期間，台灣上班族都會抽空再買書，設法充實自身專業能力。

　　[**憲業企管顧問公司**]以專業立場，為企業界提供最專業的各種經營管理類圖書。

　　85%的台灣上班族都曾經有過購買(或閱讀)[**憲業企管顧問公司**]所出版的各種企管圖書。

　　尤其是在競爭激烈或經濟不景氣時，更要加強投資在自己的專業能力，建議你：

　　工作之餘要多看書，加強競爭力。

建立企業圖書館

當市場競爭激烈時：

培訓員工，強化員工競爭力
是企業最佳對策

「人才」是企業最大的財富。如何提升人才，是企業永續經營、戰勝對手的核心競爭力。積極培訓公司內部員工，是經濟不景氣時期的最佳戰略，而最快速的具體作法，就是「建立企業內部圖書館，鼓勵員工多閱讀、多進修專業書籍」

建議您：請一次購足本公司所出版各種經營管理類圖書，作為貴公司內部員工培訓圖書。使用率高的（例如「贏在細節管理」），準備 3 本；使用率低的（例如「工廠設備維護手冊」），只買 1 本。

給總經理的話

　　總經理公事繁忙，還要設法擠出時間，赴外上課進修學習，努力不懈，力爭上游。

　　總經理拚命充電，但是員工呢？

　　公司的執行仍然要靠員工，為什麼不要讓員工一起進修學習呢？

　　買幾本好書，交待員工一起讀書，或是買好書送給員工當禮品。簡單、立刻可行，多好的事！

工廠叢書 ⑪⑧   售價：450 元

採購管理實務（增訂九版）

西元二〇二二年二月	增訂九版一刷
西元二〇二〇年一月	八版一刷
西元二〇一九年三月	七版三刷
西元二〇一八年七月	七版二刷
西元二〇一八年四月	七版一刷
西元二〇一六年十二月	六版

編著：丁振國

策劃：麥可國際出版有限公司（新加坡）

編輯：蕭玲

校對：劉飛娟

發行所：憲業企管顧問有限公司

電話：（02）2762-2241　　（03）9310960　　0930872873

電子郵件聯絡信箱：huang2838@yahoo.com.tw

銀行 ATM 轉帳：合作金庫銀行　　帳號：5034-717-347447

郵政劃撥：18410591　　憲業企管顧問有限公司

江祖平律師顧問：紙品書、數位書著作權與版權均歸本公司所有

登記證：行政業新聞局版台業字第 6380 號

本公司徵求海外版權出版代理商（0930872873）

本圖書是由憲業企管顧問（集團）公司所出版，以專業立場，為企業界提供最專業的各種經營管理類圖書。

圖書編號 ISBN：978-986-369-106-8